科技部重点研发计划“蓝色粮仓”科技创新
江西省现代农业（特种水产）产业技术体系

重大科技成果 | 稻渔工程丛书

稻渔工程
——稻田养鱼技术

丛书主编　洪一江

本册主编　曾柳根　许亮清

本册副主编　谢东辉　杨宗英

本册编著者（按姓氏笔画排序）

方　磊　刘文舒　许亮清　李裕卫　杨宗英
邹　旭　邹新建　张爱芳　陈　文　赵大显
洪一江　曾文超　曾柳根　谢东辉　简少卿

中国教育出版传媒集团

高等教育出版社·北京

内容简介

本书主要介绍了稻田养鱼技术，包括稻田养鱼概述、稻鱼品种介绍、稻田养鱼田间工程、鱼苗种繁育、稻田养鱼田间管理、稻田养鱼病虫害防治、水稻收割与水产品捕捞、稻田养鱼实例和稻田养鱼营销推广等9章内容，详细阐述了各方面的技术环节和管理机制。

本书以理论为基础，强调与生产实践紧密结合，注重技术方法的介绍和模式分析，是一部有实际应用价值的参考书，适合于从事农田生产和水产养殖的技术人员和管理人员学习与参考，亦可作为高校农学、水产相关专业实践类教材，以及水产科技人员的培训教材。

图书在版编目（CIP）数据

稻渔工程．稻田养鱼技术 / 曾柳根，许亮清主编．
-- 北京：高等教育出版社，2022.11
（稻渔工程丛书 / 洪一江主编）
ISBN 978-7-04-059483-6

Ⅰ.①稻… Ⅱ.①曾… ②许… Ⅲ.①水稻栽培②稻田养鱼 Ⅳ.①S511 ②S964.2

中国版本图书馆CIP数据核字（2022）第190986号

Daoyu Gongcheng：Daotian Yangyu Jishu

策划编辑 吴雪梅 郝真真　　责任编辑 郝真真　　封面设计 贺雅馨
责任印制 赵义民

出版发行	高等教育出版社	咨询电话	400-810-0598
社　　址	北京市西城区德外大街4号	网　　址	http://www.hep.edu.cn
邮政编码	100120		http://www.hep.com.cn
印　　刷	北京中科印刷有限公司	网上订购	http://www.hepmall.com.cn
开　　本	880mm×1230 mm 1/32		http://www.hepmall.com
印　　张	4.625		http://www.hepmall.cn
插　　页	2	版　　次	2022年11月第1版
字　　数	140千字	印　　次	2022年11月第1次印刷
购书热线	010-58581118	定　　价	26.00元

本书如有缺页、倒页、脱页等质量问题，请到所购图书销售部门联系调换
版权所有 侵权必究
物 料 号 59483-00

《稻渔工程丛书》编委会

主　编　洪一江

编　委（按姓氏笔画排序）

王海华　刘文舒　许亮清　李思明　赵大显

胡火根　洪一江　曾柳根　简少卿

数字课程（基础版）

稻渔工程
——稻田养鱼技术

丛书主编　洪一江
本册主编　曾柳根　许亮清

登录方法：

1. 访问http://abook.hep.com.cn/59483，进行注册。已注册的用户输入用户名和密码登录，进入“我的课程”。
2. 点击页面右上方“绑定课程”，正确输入教材封底数字课程账号（20位密码，刮开涂层可见），进行课程绑定。
3. 在“我的课程”中选择本课程并点击“进入课程”即可进行学习。课程在首次使用时，会出现在“申请学习”列表中。

课程绑定后一年为数字课程使用有效期。如有使用问题，请点击页面右下角的“自动答疑”按钮。

稻渔工程——稻田养鱼技术

《稻渔工程——稻田养鱼技术》数字课程与纸质图书配套使用，是纸质图书的拓展和补充。数字课程包括彩色图片、稻鲫综合种养生产技术规范等，便于读者学习和使用。

用户名：　密码：　验证码：5360　忘记密码？　登录　注册

http://abook.hep.com.cn/59483

扫描二维码，下载Abook应用

序

中国稻田养鱼历史悠久，是最早开展稻田养鱼的国家。早在汉朝时，在陕西和四川等地就已普遍实行稻田养鱼，至今已有 2 000 多年历史。现今知名的浙江青田“稻渔共生系统”始于唐朝，距今也有 1 200 多年历史。光绪年间的《青田县志》载：“田鱼，有红、黑、驳数色，土人在稻田及圩池中养之。”青田“稻渔共生系统”2005 年被联合国粮农组织列为全球重要农业文化遗产，也是我国第一个农业文化遗产。然而，直至中华人民共和国成立前，我国稻田养鱼基本上都处于自然发展状态。中华人民共和国成立后，在党和政府的重视下，传统的稻田养鱼迅速得到恢复和发展。1954 年第四届全国水产工作会议上，时任中共中央农村工作部部长邓子恢指出“稻田养鱼有利，要发展稻田养鱼”，正式提出了“鼓励渔农发展和提高稻田养鱼”的号召；1959 年全国稻田养鱼面积突破 6.67×10^5 hm^2。1981 年，中国科学院水生生物研究所倪达书研究员提出了稻鱼共生理论，并向中央致信建议推广稻田养鱼，得到了当时国家水产总局的重视。2000 年，我国稻田养鱼面积发展到 1.33×10^6 hm^2，成为世界上稻田养鱼面积最大的国家。进入 21 世纪后，为克服传统的稻田养鱼模式品种单一、经营分散、规模较小、效益较低等问题，以适应新时期农业农村发展的要求，“稻田养鱼”推进到了“稻渔综合种养”和“稻渔生态种养”的新阶段和新认识。2007 年“稻田生态养殖技术”被选入 2008—2010 年渔业科技入户主推技术。2017 年，我国首个稻渔综合种养类行业标准《稻渔综合种养技术规范　第 1 部分：通则》（SC/T 1135.1—2017）发布。2016—2018 年，连续 3 年中央一号文件和相关规划均明确表示支持稻渔综合种养发展。2017 年 5 月农业部部署国家级稻渔综合种养示范区创建工作，首批33个基地获批国家级稻渔综合种养示范区。至2020年，全国稻渔综合种养面积超过2.53×10^{6} hm^{2}。2020年6月9日，习近平总书记考察宁夏银川贺兰县稻渔空间乡村生态观光园，了解稻渔种养业融合发展的创新做法，指出要注意解决好稻水矛盾，采用节水技术，积极发展节水型、高附加值的种养业。

为促进江西省稻渔综合种养技术的发展，在科技部、江西省科技厅、江西省农业农村厅渔业渔政局的大力支持下，在科技部重点研发计划“蓝色粮仓科技创新”重大专项“井冈山绿色生态立体养殖综合技术集成与示范”、国家贝类产业技术体系、江西省特种水产产业技术体系、江西省科技特派团、江西省渔业种业联合育种攻关等项目资助下，2016年起，洪一江教授组织南昌大学、江西省水产技术推广站、江西省农业科学院、江西省水产科学研究所、南昌市农业科学院、九江市农业科学院、玉山县农业农村局等专家团队实施了稻渔综合种养技术集成与示范项目，从养殖环境、稻田规划、品种选择、繁育技术、养殖技术、加工工艺以及品牌建设等全方位进行研发和技术攻关，形成了具有江西特色的稻虾、稻鳖、稻蛙、稻鳅和稻鱼等“稻渔工程”典型模式。该种新型的“稻渔工程”是以产业化生产方式在稻田中开展水产养殖的方式，以“以渔促稻、稳粮增效”为指导原则，是一种具有稳粮、促渔、增收、提质、环境友好、发展可持续等多种生态系统功能的稻渔结合的种养模式，取得了良好的经济、生态和社会效益。

作为中国稻渔综合种养产业技术创新战略联盟专家委员会主任，2017年，我受邀在江西神农氏生态农业开发有限公司成立江西省第一家稻渔综合种养院士工作站，洪一江教授的团队作为院士工作站的主要成员单位，积极参与和开展相关技术研究，他们在江西省开展了大量“稻渔工程”产业示范推广工作并取得了系列重要成果。例如，他们帮助九江凯瑞生态农业开发有限公司、江西神农氏生态农业开发有限公司先后获得国家级稻渔综合种养示范区称号；

首次提出在江西南丰县建立国内首家中华鳖种业基地并开展良种选育；首次提出“一水两治、一蚌两用”的生态净水理念并将创新的“鱼－蚌－藻－菌”模式用于实践，取得了明显效果。他们在国内首次提出和推出“稻－鱼－蚌－藻－菌”模式应用于稻田综合种养中，成功地实现了农药和化肥使用大幅度减少60%以上的目标，对保护良田，提高水稻和水产品质量，增加收入具有重要价值。以南昌大学为首的科研团队也为助力乡村振兴提供了有力抓手，他们帮助和推动了江西省多个地区和县市的稻渔综合种养技术，受到《人民日报》《光明日报》《中国青年报》、中央广播电视总台、中国教育电视台等主流媒体报道。南昌大学“稻渔工程”团队事迹入选教育部第三届省属高校精准扶贫精准脱贫典型项目，更是获得第24届“中国青年五四奖章集体”荣誉称号，特别是在人才培养方面，南昌大学指导的“稻渔工程——引领产业扶贫新时代”项目和“珍蚌珍美——生态治水新模式，乡村振兴新动力”项目分别获得中国“互联网＋”大学生创新创业大赛银奖和金奖。

获悉南昌大学、高等教育出版社联合组织了江西省本领域的知名专家和具有丰富实践经验的生产一线技术人员编写这套《稻渔工程丛书》，邀请我作序，我欣然应允。

本丛书有三个特点：第一，具有一定的理论知识，适合大学生、技术人员和新型职业农民快速掌握相关知识背景，对提升理论和实践水平有帮助；第二，具有明显的时代感，针对广大养殖业者的需求，解决当前生产中出现的难题，因地制宜介绍稻渔工程新技术，以利于提升整个行业水平；第三，具有前瞻性，着力向业界人士宣传以科学发展观为指导，提高“质量安全”和“加快经济增长方式转变”的新理念、新技术和新模式，推进标准化、智慧化生产管理模式，推动一、二、三产业融合发展，提高农产品效益。

本丛书内容基本集齐了当今稻渔理论和技术，包括稻渔环境与质量、稻田养鱼技术、稻田养虾技术、稻田养鳖技术、稻田养蛙技术和稻田养鳅技术等方面的内容，可供水产技术推广、农民技能培训、科技入户使用，也可作为大中专院校师生的参考教材，希望它能够成为广大农民掌握科技知识、增收致富的好帮手，成为广大热爱农业人士的良师益友。

谨此衷心祝贺《稻渔工程丛书》隆重出版。

中国科学院院士、发展中国家科学院院士
中国科学院水生生物研究所研究员
2022 年 3 月 26 日于武汉

前 言

随着现代农业生产技术的广泛应用，越来越多的化肥、农药投入农业生产中，农业生态环境逐步恶化，农残现象大量出现，对人类身体健康产生了极大的危害。此外，耕地资源与淡水资源愈发紧张，人地关系矛盾突出。稻田养鱼是种植业与养殖业相结合的一种优化组合资源配置的农业生态系统，其充分利用稻田的水土资源并辅以科学的人工管理，既种植水稻又养殖鱼类，实现“一田两用，一水两用”，改善“只种不养，只养不种”造成的化肥和农药使用过多、有机物污染、水污染等现象，充分发挥稻田的最大潜力，将生态学、生物学、水产养殖学密切联系起来，获得稻田增产、鱼类增收、生态环境改善等效果，充分体现了现代农业的环保和生物质的高效循环。稻田养鱼不但有效保护了农业生态环境，使得稻田产出的农产品相对安全，促进稻谷稳产增产，还能最大限度地利用稻田，缓解人地关系冲突，在淡水资源持续减少的情况下发展渔业，对农民增收、农业与环境协调发展具有非同一般的意义。

近年来，稻田养鱼已经发展成为农村地区的一种经济产业，推进了农业改革，提高了农业综合效益和竞争力，为我国农业政策的改革展现了一个可行性较高的途径，在我国农村经济结构改革、增加农民收入、提高人们生活水平等方面发挥了重大作用。现在发展稻田养鱼不应盲目追求产量的增加，而更应重视综合效益，尤其是经济与生态效益的提高。因此，要继续在适宜的地区大力推进稻鱼综合种养模式，提高稻田养鱼经营的水平，使稻田养鱼的成效达到最佳。

本书的编写分工如下，第一章由李裕卫、杨宗英编写，第二章由陈文、曾柳根编写，第三章由简少卿、张爱芳、刘文舒编写，第四章由赵大显、许亮清编写，第五章由许亮清、曾文超、曾柳根编写，第六章由曾柳根、许亮清、洪一江编写，第七章由邹新建、邹旭编写，第八章由方磊、杨宗英编写，第九章由谢东辉、李裕卫编写，附录由曾柳根、方磊整理。本书在撰写过程中，参阅了部分国内外同行的研究成果，部分出处可能遗漏，在此表示真诚的歉意和谢意。

《稻渔工程丛书》承蒙中国稻渔综合种养产业技术创新战略联盟专家委员会主任、中国科学院院士、发展中国家科学院院士、中国科学院水生生物研究所研究员桂建芳先生作序，编著者对此关爱谨表谢忱。

由于稻田养鱼涉及面广，各地自然、经济、社会、文化、历史诸条件均具有差异，生产实践多而系统性深入性科学研究尚显不足。编著者虽然长期在稻鱼综合种养生产一线，但仍觉得有局限性和改进的空间，加之时间仓促和编者知识的局限，书中难免出现错误，谨请批评指正。希望读者能提供宝贵意见和建议，共同促进我国和世界农业生态种养产业的健康发展。

编著者

2022 年 5 月

目　录

第一章

稻田养鱼概述

第一节 稻田养鱼技术概念

稻田养鱼技术是指利用生态学原理以及现代生物学技术方法，将水稻种植与水产品养殖有机结合，实现稻鱼共生，种植和养殖相互促进的生态高效综合种养模式。利用这种模式既可以获得水产品，又可利用水生动物消除稻田里的害虫与杂草，排泄粪肥，翻动泥土，促进肥料的分解与吸收，为水稻生长创造良好的条件，可较好地实现稻渔双丰收，增进粮食的稳定与农民的收入，具有显著的生态效益、社会效益和经济效益。近年来，随着我国现代农业建设不断深入，以及渔业技术创新和管理创新步伐的加快，稻田养殖呈现加快发展的新趋势。目前，稻田养鱼模式已经发展成为一种新型的农业生态种养模式，走出了一条粮渔和谐发展的新道路。

第二节 稻田养鱼发展历史

一、国外稻田养鱼的发展历史

稻田养鱼在东南亚等世界重要产稻区比较流行，印度尼西亚、马来西亚、菲律宾和印度等国家都有稻田养鱼模式的实践，但发展历史仅 100 多年。印度尼西亚在 1860 年开始开展稻田养鱼，采用间作与轮作方式养殖鲤鱼。马来西亚的稻田养鱼模式主要是在田块最低处挖一个面积 60 ~ 85 m^2、深 2 m 的鱼塘，采取灌水纳苗的方法养殖胡子鲶及攀鲈等种类。日本 1844 年开始进行稻田养鱼，并积极探索稻鸭鳅等综合种养模式。在日本南部的九州岛上，有一个约 28 327.6 m^2 的水稻农场，每年 7 月，农场主都要将数以百计的小鸭子赶到刚插完秧的水稻田中，一段时间后，在稻田中放养泥鳅这样的淡水鱼类。稻田中的浮萍利用太阳能为稻田土壤固定氮素，从而为水稻的生长提供天然的养料，同时它滋养出的蓝绿藻可用来喂养虫子，而这类虫子恰恰是泥鳅的食物，泥鳅的粪便也是水稻的养料。这种系统被命名为“湿地稻田养鱼、鸭复合生态系统”，它利用太阳能，节省了除草剂和杀虫剂。非洲、欧洲、美洲的国家和地区稻田养鱼模式开展得更晚一些。非洲马达加斯加在 20 世纪 20 年代才有稻鱼记载，苏联 1932 年在乌克兰南部稻田中试养鲫鱼，美国在 1950 年才开始稻田养鱼，其他各国至今尚在试验阶段。总之，随着全球人口数量的增长，在人类对食品的需求量迅速增加的形势下，这种多元化的农业生产模式已经成为促进农业可持续发展，满足人们对食品量、质要求的有效途径之一。

二、我国稻田养鱼的发展过程

稻田养鱼是我国淡水养殖的主要方法之一，在我国有着悠久的历史，先于海外诸国，我国是最早开展稻田养鱼的国家。在汉代，陕西和四川等地已普遍流行稻田养鱼，至今已有 2000 多年。稻田养鱼的方式及其作用在唐昭宗时期（889—904 年）也有明确的记载。然而，直至新中国成立前，我国稻田养鱼基本上都处于自然发展状态。民国时期，有关单位开始进行稻田养鱼试验，并向农民开展技术指导，但由于多年战乱，稻田养鱼的发展受到了制约。

（一）恢复发展阶段

中华人民共和国成立后，在党和政府的重视下，我国传统的稻田养鱼迅速得到恢复和发展。1953 年，第三届全国水产工作会议号召试行稻田兼养鱼；1954 年，在第四届全国水产工作会议上，时任中共中央农村工作部部长邓子恢指出：“稻田养鱼有利，要发展稻田养鱼”，正式提出了“鼓励渔农发展和提高稻田养鱼”的号召，全国各地稻田养鱼有了迅猛发展，1959年全国稻田养鱼面积突破6.67×10^5 hm^2；此后20年，由于四大家鱼人工繁殖技术尚未推广，鱼苗供应受限，加之农药的大量使用，使稻渔共生发生了矛盾，导致一度兴旺的稻田养鱼模式急骤衰退。20世纪70年代末，随着水产产业的发展，以及联产承包制的出现和普遍施行，加之稻种的改良和低毒农药的出现，为产业的振兴注入了动力，稻田养鱼又进入了新的发展阶段。

（二）技术体系建立阶段

1981年，中国科学院水生生物研究所倪达书研究员提出了稻鱼共生理论，并向中央致信建议推广稻田养鱼，此建议得到了当时国家水产总局的重视。1983年，原农牧渔业部在四川召开了全国第一次稻田养鱼经验交流会，推动了全国稻田养鱼的迅速恢复和进一步发展，自此，稻田养鱼在全国得到了普遍推广。1984年，稻田养鱼被国家经济委员会列入新技术开发项目，在北京、河北、湖北、湖南、广东、广西、陕西、四川、重庆、贵州、云南等11个省（自治区、直辖市）进行推广。1986年，全国稻田养鱼面积达6.92×10^5 hm^2，产鱼9.8×10^4 t，1987年达7.96×10^5 hm^2，产鱼10.6×10^4 t。1988年，中国农业科学院和中国水产科学研究院在江苏联合召开了“中国稻鱼结合学术研讨会”，使稻田养鱼的理论有了新的发展，技术有了进一步完善和提高。1990年，农业部在重庆召开了全国第二次稻田养鱼经验交流会，总结经验和问题，提出指导思想和发展目标，随后制定全国稻田养鱼“八五”“九五”规划。

（三）快速发展阶段

农业部在1994年召开了全国第三次稻田养鱼（蟹）经验交流会，常务副部长吴亦侠出席会议并指出“发展稻田养鱼不仅仅是一项新的生产技术措施，还是在农村中一项具有综合效益的系统工程，既是抓‘米袋子’，又是抓‘菜篮子’，也是抓群众的‘钱夹子’，是一项一举多得、利国利民、振兴农村经济的重大举措，一件具有长远战略意义的事情”。同年12月，经国务院同意，农业部向全国农业、水产、水利部门印发了《关于加快发展稻田养鱼，促进粮食稳定增产和农民增收的意见》。1996 年 4 月、2000 年 8 月农业部又召开了两次全国稻田养鱼经验交流会。2000 年，我国稻田养鱼面积发展到 1.33×10^6 hm^2，成为世界上最大的稻田养鱼国家，稻田养鱼作为农业稳粮、农民脱贫致富的重要措施，得到各级政府的重视和支持，有效地促进了稻田养鱼的发展。

（四）转型升级阶段

进入 21 世纪后，为克服传统稻田养鱼模式的品种单一、经营分散、规模较小、效益较低等问题，以适应新时期农业农村发展的要求，“稻田养鱼”推进到“稻渔综合种养”的新阶段。稻渔综合种养指的是通过对稻田实施工程化改造，构建稻渔共作轮作系统，并通过规模开发、产业经营、标准生产、品牌运作实现水稻稳产、水产品新增、经济效益提高、农药和化肥施用量显著减少。稻渔综合种养是一种生态循环农业发展模式，“以渔促稻、稳粮增效、质量安全、生态环保”是这一模式的突出特征。2007 年，稻田生态养殖技术被选入 2008—2010 年渔业科技入户主推技术。党的十七大以后，随着我国农村土地流转政策不断明确，农业产业化步伐加快，稻田规模经营成为可能。各地纷纷结合实际，探索了稻 – 鱼、稻 – 蟹、稻 – 虾、稻 – 蛙、稻 – 鳅等新模式和新技术，并涌现出一大批以特种水产为主导，以标准化生产、规模化开发、产业化经营为特征的稻田综合种养典型，取得了显著的社会、经济和生态效益，得到了各地政府的高度重视和农民的积极响应。从 20 世纪末开始，随着效益农业的兴起，稻田养鱼因具有较高效益而被大力推广，为广大稻区农民的增收作出了重要的贡献。然而大面积的开挖鱼沟、鱼溜引起了对水稻可持续发展的担忧，导致从 2004 年开始面积出现下降，从 1.50×10^6 hm^2 一度下降到 2011 年的 1.21×10^6 hm^2。尽管种养面积下降，但由于种养技术的提升，种养产量仍稳定在 1.10×10^6 t 以上，种养单位产量从 2001 年的 555.6 kg/hm^2 提高到 2011 年的 993.3 kg/hm^2。

（五）新一轮高效发展阶段

2011 年是近 20 年稻渔综合种养面积的最低点，此后种养面积止跌回升。2011 年，农业部渔业局将发展稻田综合种养列入了《全国渔业发展第十二个五年规划（2011—2015 年）》，作为渔业拓展的重点领域。2012 年起，农业部科技教育司连续两年，每年安排 200 万元专项经费用于“稻田综合种养技术集成与示范推广”专项，并于 2012 年投入 1 458 万元启动了公益性行业科研专项“稻 – 渔”耦合养殖技术研究与示范。2013 年和 2016 年，全国水产技术推广总站、上海海洋大学、湖北省水产技术推广总站等单位承担的稻渔综合种养项目共获得农牧渔业丰收奖农业技术推广成果一等奖 3 次；2016 年，全国水产技术推广总站、上海海洋大学发起成立了中国稻渔综合种养产业技术创新战略联盟，成功打造了“政、产、学、研、推、用”六位一体的稻渔综合种养产业体系；2011 年和 2018 年，浙江大学陈欣教授在美国科学院院刊（PNAS）发表了两篇关于稻渔综合种养理论研究的高水平学术论文；2016—2018 年连续 3 年中央 1 号文件和相关规划均明确表示支持发展稻田综合种养；2017 年 5 月农业部部署国家级稻渔综合种养示范区创建工作，首批 33 个基地获批国家级稻渔综合种养示范区；同年，农业部在湖北省召开了全国稻渔综合种养现场会，会议要求“走出一条产出高效、产品安全、资源节约、环境友好的稻渔综合化种养产业发展道路”。在党和各级政府正确领导下，我国稻渔综合种养发展已步入大有可为的战略机遇期。

三、现阶段稻田养鱼的发展特点

与传统稻田养鱼相比，新一轮稻渔综合种养呈现以下趋势性特征。

（一）规模化

传统的稻田养鱼以一家一户的分散经营为主，难以解决稻田中养殖的水生动物逃跑、被盗及病害防治等问题，难以开展水稻的机械化生产，综合效益不高。近年来，随着农业生产的组织化程度提高，参股、租赁、托管等稻田流转机制的创新加快，稻田养殖呈连片开发、规模化生产的新特点。如湖北潜江和宁夏青铜峡，在政府主导下实现了大面积连片开发，产生了较大的规模效益。

（二）特种化

传统的稻田养殖以常规鱼类为主，增收效果不显著。随着近年稻田养殖技术的发展，蟹、虾、鳅、鳖、黄鳝、蛙等一批经济价值高、产业化条件好的名特优品种成为稻田养殖的主要品种。同时，各地还结合实际，加强了相关品种的选育，发展形成了一批能够适应不同地区综合种养的品种和技术体系。

（三）产业化

传统的稻田养殖单一注重生产技术环节，而新一轮稻田养殖采用了“种、养、加、销”的一体化现代管理模式，延长了产业链，提升了效益；稻田产业化经营和产品品牌效益的提升进一步提高了稻田综合种养的经济效益。如江苏高邮实施“产加销一体化”，直销超市，提升了产业化水平；浙江青田建设农业文化遗产品牌，形成生产、生态、休闲的一体化。

（四）标准化

随着稻田养殖模式创新、规模化和产业化深入，稻田中水稻和水生经济动物生产也朝着绿色、有机方向发展，一些新工程、新工艺、新技术都取得了创新成果，田间工程、养殖技术日益规范化，各地制定了一大批地方标准或生产技术规范。如江苏高邮按有机稻的标准栽培水稻，通过全球良好农业操作认证。

（五）品牌化

近年来，随着人们对绿色、有机、无公害食品需求的不断增长和稻田养殖技术的日益完善，各地出现了一批稻渔综合种养大户，种养规模从数十到数百公顷不等。这些种养大户注册自己的品牌，以绿色、有机、无公害的优质农产品取信于消费者，培养自己的忠实客户，取得了可观的社会效益、经济效益和生态效益。例如，四川省江油市贯山镇稻渔综合种养示范基地的稻谷和鱼分别取得了绿色食品和无公害食品认证，注册了“贯福生态米”“贯福生态鱼”“福有余”牌生态鱼和“太白蟹”商标，有效提升了产品价值。到 2015 年底，以清平村为核心，全镇共发展标准化稻田养鱼（虾、蟹）157.8 hm^2，产鱼（虾、蟹）700 t，总收入 1 499 万元，比 2014 年增长 41.9%，纯收入 744 万元，增长 36.4%。仅此一项就为全镇农民人均增加纯收入 144 元，并形成了蟹、鱼、虾三大水产养殖品牌。同时，还带动休闲旅游消费 2 000 余万元，综合效益突出，已成为远近闻名的“稻香鱼村”。又如浙江省“青田田鱼”已被核准注册地理标志证明商标，成为青田县的第二枚地理标志证明商标。据不完全统计，每年销往国外的田鱼干达 100 t 以上，主要出口意大利、法国、巴西等 20 多个国家和地区。

四、发展稻田养鱼的相关政策

（1）2015 年，《国务院办公厅关于加快转变农业发展方式的意见》提出“把稻田综合种养作为发展生态循环农业的重要内容”，并安排专项资金 4800 万元，建设了 16 个稻渔综合种养规模化示范基地。

（2）2016 年，中央 1 号文件《中共中央　国务院关于落实发展新理念加快农业现代化实现全面小康目标的若干意见》提出“启动实施种养结合循环农业，推动种养结合、农牧循环发展”。

（3）2017 年，中央 1 号文件《中共中央　国务院关于深入推进农业供给侧结构性改革加快培育农业农村发展新动能的若干意见》提出“推进稻田综合种养”。

（4）2018 年，中央 1 号文件《中共中央　国务院关于实施乡村振兴战略的意见》提出实施质量兴农战略，优化养殖业空间布局，大力发展绿色生态健康养殖。

（5）《全国农业可持续发展规划（2015—2030 年）》《全国渔业发展第十三个五年规划》《农业部关于进一步调整优化农业结构的

指导意见》《农业部关于加快推进渔业转方式调结构的指导意见》《全国农业现代化规划（2016—2020年）》等均对稻渔综合种养提出了明确要求。

（6）《农业部关于加快推进渔业转方式调结构的指导意见》《农业农村部关于深入推进生态环境保护工作的意见》均明确支持稻渔综合种养发展，农业农村部还将稻渔综合种养列入以绿色生态为导向的农业补贴制度和农业主推技术。

第二章

稻鱼品种介绍

第一节　水稻概述

水稻是人类主要粮食作物之一，目前世界上有超过 14 万个稻品种，我国栽培稻品种有 4 万多个，依不同的标准可作不同分类。

一、籼稻和粳稻

根据水稻形态和生理特性的不同，可分为籼稻和粳稻。

（一）籼稻

籼稻的稃毛短，颖壳大都为绿白色，叶片淡绿色，叶毛多，叶片宽长而弯，株高较高，抗倒伏能力差，株型不紧凑，耐强光、高温、高湿，易脱粒，抗叶瘟病性强，易感白叶枯病，抗虫能力弱，耐贫瘠，可协调于粗放型栽培方式的运作。

（二）粳稻

粳稻的稃毛长、不均匀且有交叉现象，叶片深绿色，叶面近光，耐肥能力中上，叶片短、伸展挺直，株型紧凑，耐弱光，抗寒能力较强，脱粒难，抗白叶枯病能力强，但抗稻瘟病性差。

二、早稻、中稻和晚稻

根据水稻播种期、生长期和成熟期的不同，又可分为早稻、中稻和晚稻三类。一般早稻的生长期为 90～120 d，中稻为 120～150 d，晚稻为 150～170 d。由于各个地区气候条件的不同，它们的播种期和收获季节有很大的差异。在长江中下游地区，早稻一般于3月底至4月初播种，7月中下旬收获；中稻一般4月初至5月底播种，9月中下旬收获；晚稻一般于6月中下旬播种，10月上中旬收获。同一地区，种完早稻可以接着种植晚稻，俗称双季稻。而中稻生育期较长，同一地区一年只能种植一次。

（一）早稻

对光照反应不太敏感，感光性极弱或不感光，只要温度条件满足其生长发育，全年各个季节都能正常种植和成熟。我国华南地区和长江流域稻区双季稻中的第一季稻，以及华北、东北和西北高纬度地区的粳稻均属早稻。

（二）中稻

一般在早秋季节成熟，多数中粳品种具有中等感光性，遇短日照、高温天气生育期缩短；中籼品种的感光性比中粳品种感光性弱；生育期介于早稻与晚稻之间，品种适应范围较广。

（三）晚稻

晚稻和野生稻很相似，是由野生稻直接演变形成的基本稻型。晚稻对日照长度极为敏感，对光照条件要求较高，在短日照条件下才能通过光照阶段抽穗结实。

三、水稻和陆稻

根据稻作栽培方式和生长期内需水量不同，可分为水稻和陆稻。

（一）水稻

水稻在水田中种植，对水分要求较高，整个生长期都浸泡在水田中。水稻种子发芽时需水较多，吸水不强，发芽较为缓慢，茎叶保护组织不太发达，抗热性不强，根系不发达，对水分减少的适应性不强，产量较高。我国南方种植的稻类基本为水稻。

（二）陆稻

陆稻在旱地上种植，适宜在低洼易涝的旱地、雨水较多的山地及水源不足、灌溉条件较差的稻区种植。陆稻种子发芽时需水量少，吸水力较强，发芽较快，茎叶保护组织发达，抗热性强，根系较发达，对水分适应性强，产量低于水稻。陆稻仅在我国北方有少量种植。

第二节　主要水稻品种

一、'中嘉早 17'

（一）基本信息

中国水稻研究所、浙江省嘉兴市农业科学研究院，采用'中选181'与'D001-2'杂交选育而成的水稻品种。2008 年由浙江省农作物品种审定委员会审定；2009 年经第二届国家农作物品种审定委员会第三次会议审定通过，审定编号为国审稻 2009008。

（二）特征特性

该品种为籼型常规水稻。在长江中下游地区作双季早稻种植，全生育期平均 109.0 d，比对照'浙 733'长 0.6 d。株型适中，分蘖力中等，茎秆粗壮，叶片宽挺，熟期转色好，有效穗数 309 万穗 /hm^2，株高 88.4 cm，穗长 18.0 cm，每穗总粒数 122.5 粒，结实率 82.5%，千粒重 26.3 g。整精米率 66.7%，粒型长宽比 2.2，垩白粒率 96%，垩白度 17.9%，胶稠度 77 mm，直链淀粉含量 25.9%。稻瘟病综合指数为 5.7，穗颈瘟损失率最高级 9 级，白叶枯病 7 级，褐飞虱 9 级，白背飞虱 7 级。

（三）产量表现

2007 年参加长江中下游地区早中熟早籼组品种水稻区试，平均产量 7 971.0 kg/hm^2，比对照'浙 733'增产 10.50%，差异极显著；2008 年续试，平均产量为 7 558.2 kg/hm^2，比对照'浙 733'增产 7.70%，差异极显著；两年区试平均产量为 7 764.6 kg/hm^2，比对照'浙 733'增产 9.12%。2009 年生产试验，平均产量为 7 768.2 kg/hm^2，比对照'浙 733'增产 11.71%。

（四）栽培要点

（1）育秧　适时播种，塑料软盘育秧宜适当早播，大田用种量为 45.0 ~ 52.5 kg/hm^2；地膜湿润育秧大田用种量为 67.5 ~ 75.0 kg/hm^2。注意种子消毒处理，培育壮秧。直播时，日平均气温应稳定在 13℃以上方可播种。

（2）移栽　适时移栽，插足基本苗 150 万株 /hm^2 以上；抛秧一般在 3 叶 1 心期至 4 叶 1 心期。由于该品种为常规稻，所以栽插时要比杂交稻多插基本苗，如江西地区早稻杂交稻每穴栽插 3 ~ 4 株，那么本品种则需要栽插 4 ~ 5 株。

（3）肥水管理　需肥量中等，宜施足基肥，早施追肥。总用肥量为纯氮 150 ~ 180 kg/hm^2，氮、磷、钾肥施用比例为 1∶0.5∶1。用有机肥作基肥，一般施复合肥 825 ~ 900 kg/hm^2，并配施钾肥 112.5 ~ 150.0 kg/hm^2。合理灌水，抛秧后应轻搁田 1 ~ 2 d 促扎根立苗，抛插秧后约 5 d 施用除草剂并保持 4 ~ 5 d 水层，当苗数达到 360 万株 /hm^2 时开始多次露田控苗促根，成熟收获前 4 ~ 6 d 断水。

（4）病虫害防治　注意及时防治螟虫、褐飞虱、稻瘟病、白叶枯病等。

（五）种植区域

该品种适宜在江西、湖南、安徽、浙江等稻瘟病、白叶枯病轻发的双季稻区种植。

二、‘两优 27’

（一）基本信息

‘两优 27’是由湖北荆楚种业股份有限公司，用品种‘HD9802S’×‘R27’选育而成的水稻品种，于 2016 年经第三届国家农作物品种审定委员会第八次会议审定通过，审定编号为国审稻 2016008。目前，该品种由江西春丰农业科技有限公司经营。

（二）特征特性

该品种为籼型两系杂交水稻，可在长江中下游地区作双季早稻种植，全生育期 111.8 d，比对照‘陆两优 996’短 1.7 d。株高 90.3 cm，穗长 19.9 cm，有效穗数 306 万穗 /hm^2，每穗总粒数 122.6 粒，结实率 86.1%，千粒重 25.0 g。整精米率 58.9%，粒型长宽比 3.3，垩白粒率 28%，垩白度 3.1%，胶稠度 69 mm，直链淀粉含量 20.5%，米质达国家优质稻谷标准 3 级。稻瘟病综合指数两年分别为 5.8 和 6.4，穗颈瘟损失率最高级 9 级，白叶枯病 7 级，褐飞虱 9 级，白背飞虱 9 级；高感稻瘟病，高感白叶枯病，高感褐飞虱，高感白背飞虱。

（三）产量表现

2013 年参加早籼迟熟组水稻区试，平均产量为 7 800 kg/hm^2，比对照‘陆两优 996’增产 4%；2014 年续试，平均产量为 7 320 kg/hm^2，比‘陆两优 996’增产 0.1%；两年区试平均产量为 7 560 kg/hm^2，比‘陆两优 996’增产 0.8%。2015 年生产试验，平均产量为 7 660.5 kg/hm^2，比‘陆两优 996’增产 8%。

（四）栽培要点

（1）适时播种，培育壮秧　一般 3 月下旬播种，薄膜育秧。秧田播种量为 225 kg/hm^2，大田用种量为 30 kg/hm^2，播种前用咪鲜胺浸种消毒，施足底肥，培育壮秧。

（2）及时移栽，合理密度　秧龄控制在 30 d 以内。株行距为 13 cm × 20 cm，每穴 2 ~ 3 粒谷，保证基本苗不低于 10 万株。

（3）肥水管理　总用肥量以 150 kg/hm^2 纯氮为基肥，氮、磷、钾肥施用比例为 1 : 0.5 : 1。重施基肥，早施分蘖肥，酌施孕穗保花肥。稻田水分管理前期要做到浅水分蘖，够苗及时晒田，中后期做到有水孕穗，活水扬花，湿润灌浆，后期勤灌“跑马水”，切忌断水过早。

（4）病虫害防治　重点防治稻瘟病、纹枯病，注意防治稻曲病和螟虫、稻飞虱等病虫害。

（五）种植区域

该品种适宜在江西、湖南、广西北部、福建北部、浙江南部的稻瘟病轻发区开展早稻种植。

三、‘赣晚籼 37’

（一）基本信息

原名‘926’，审定编号为赣审稻 2005054。品种来源于‘赣晚籼 30 号’自然杂交选育，由江西省农业科学院水稻研究所选育。

（二）特征特性

该品种为籼型常规水稻。全生育期 126.9 d。株型适中，植株整齐，分蘖力较强，有效穗数较多，穗型长，着粒稀。株高 137.4 cm，结实率 79.9%，千粒重 27.4 g。米质达国家优质稻谷标准 3 级。穗颈瘟损失率最高级 9 级，高感稻瘟病。

（三）产量表现

2003 年、2004 年参加江西省水稻区试，2003 年平均产量为 6 938.4 kg/hm^2，比对照‘汕优 63’减产 10.04%，差异显著；2004 年平均产量为 7 588.05 kg/hm^2，比对照‘汕优 63’减产 2.92%。

（四）栽培要点

5 月中下旬播种，秧田播种量为 150 ~ 225 kg/hm^2，大田用种量为 22.5 ~ 30.0 kg/hm^2。秧龄 30 d，栽插规格为 16.7 cm × 20.0 cm，每穴 4 粒谷，基本苗 8 万株。播种前秧田施钙镁磷肥 375 kg/hm^2，2 叶 1 心期施尿素、氯化钾各 45 ~ 60 kg/hm^2 作“断奶肥”，移栽前 5 d 用等量的肥料施一次“送嫁肥”。大田移栽前施钙镁磷肥 450 kg/hm^2，移栽后 5 ~ 7 d 施尿素 225 kg/hm^2、氯化钾 300 kg/hm^2，倒 2 叶露尖期施氯化钾 150 kg/hm^2。氮、磷、钾肥施用比例为 1.0∶0.5∶1.5。带水插秧，插后灌水护苗，有效分蘖期浅水与露田相结合，即每次灌水 2 ~ 3 cm，待其自然落干后露田 1 ~ 2 d 再灌 2 ~ 3 cm 浅水，当苗数达到计划苗数的 80% 时，立即排水晒田，倒 2 叶露尖期复水 2 ~ 3 cm，直至乳熟期，收割前 7 d 断水。秧苗期主要防治稻蓟马、叶瘟病，大田主要防治叶瘟病、穗瘟病、纹枯病、稻纵卷叶螟、螟虫和稻飞虱。

（五）种植区域

该品种适合在江西省平原地区的稻瘟病轻发区种植。

四、'徽两优280'

（一）基本信息

该品种由江西金信种业有限公司、安徽省农业科学院水稻研究所选育而成，属于籼型两系杂交水稻。2017年通过江西省品种审定，审定编号为赣审稻20170011；2019年通过国家品种审定，审定编号为国审稻20190015。

（二）特征特性

该品种全生育期130.4 d，比对照'Y两优1号'早熟0.3 d。株型适中，长势繁茂，分蘖力强，有效穗多，稃尖紫色，熟期转色好。株高118.3 cm，有效穗数274.5万穗/hm^2，穗长23.5 cm，每穗总粒数192.8粒，实粒数152.6粒，结实率79.1%，千粒重23.6 g。出糙率79.4%，精米率71.8%，整精米率69.0%，粒长6.5 mm，粒型长宽比3.5，垩白粒率17%，垩白度3.8%，直链淀粉含量13.2%，胶稠度78 mm。稻瘟病综合指数2.6，穗颈瘟损失率最高级9级，高感稻瘟病。

（三）产量表现

2015年、2016年参加江西省水稻区试，2015年平均产量为9 613.95 kg/hm^2，比对照'Y两优1号'增产8.26%，差异极显著；2016年平均产量为9 549.00 kg/hm^2，比对照'Y两优1号'增产7.14%，差异显著。两年平均产量为9581.55 kg/hm^2，比对照'Y两优1号'增产7.70%。

（四）栽培要点

5月15日左右播种，秧田播种量为120～150 kg/hm^2，大田用种量为18 kg/hm^2。秧龄25～28 d。栽插规格为20 cm×27 cm，每穴

2粒谷。施氮肥225 kg/hm^2、磷肥600 kg/hm^2、钾肥225 kg/hm^2，其中基肥占总肥量的50%左右，应早追肥促分蘖，始穗期追施尿素75 kg/hm^2、氯化钾75 kg/hm^{2}作粒肥，后期看苗补肥。浅水移栽返青，浅水分蘖，够苗晒田控蘖，有水孕穗，湿润灌浆，后期不宜过早断水。并根据当地农业农村部门病虫预报，在秧田中施药防治稻蓟马，大田中防治稻瘟病、稻曲病、二化螟、稻飞虱等病虫害。

（五）种植区域

该品种适宜在江西省稻瘟病轻发区种植。

五、‘天两优616’

（一）基本信息

2008年通过湖北省农作物品种审定委员会审定，审定编号为鄂审稻2008008；2011年通过国家品种审定，审定编号为国审稻2011012。

（二）特征特性

该品种为籼型两系杂交水稻。在长江中下游地区作一季中稻种植，全生育期平均131.4 d，比对照‘Ⅱ优838’短2.5 d。株高123.8 cm，穗长24.6 cm，有效穗数258万穗/hm^2，每穗总粒数165.3粒，结实率80.7%，千粒重27.2 g。株型适中，熟期转色好。整精米率65.2%，粒型长宽比2.9，垩白粒率25.3%，垩白度4.6%，胶稠度78 mm，直链淀粉含量15.8%，米质达国家优质稻谷标准3级。稻瘟病综合指数5.6，穗颈瘟损失率最高级9级，白叶枯病7级，褐飞虱9级，抽穗期耐热性7级；高感稻瘟病，感白叶枯病，高感褐飞虱。

（三）产量表现

2009年参加长江中下游地区中籼迟熟组品种水稻区试，平均产量为8 865.0 kg/hm^2，比对照‘Ⅱ优838’增产6.1%，差异极显著；2010年续试，平均产量为8 401.5 kg/hm^2，比对照‘Ⅱ优838’增产3.2%，差异极显著。两年区试平均产量8 634.0 kg/hm^2，比对照‘Ⅱ

优 838’增产 4.6%。2011 年生产试验，平均产量为 8 121 kg/hm^2，比对照‘Ⅱ优 838’增产 1.0%。

（四）栽培要点

（1）育秧　做好种子消毒处理，大田用种量为 18.0 ~ 22.5 kg/hm^2，适时播种，培育壮秧。

（2）移栽　秧龄 30 d 左右，适时移栽，合理密植，栽插 22.5 万 ~ 25.5 万穴 /hm^2 或 105 万 ~ 120 万株 /hm^2 基本苗为宜。

（3）肥水管理　多施有机肥，氮磷钾肥合理配施；中等肥力田施纯氮 180 kg/hm^2，氮、磷、钾肥施用比例为 1：0.5：0.75；施用方法以“前促、中控、后补”为宜。水分管理做到浅水插秧，深水护苗，薄水分蘖，及时晒田，后期湿润灌溉，不宜过早断水。

（4）病虫害防治　注意及时防治稻瘟病、纹枯病、白叶枯病、螟虫、稻飞虱等病虫害。

（五）种植区域

该品种适宜在江西、湖南（武陵山区除外）、湖北（武陵山区除外）、安徽、浙江、江苏的长江流域稻区以及福建北部、河南南部稻区的稻瘟病、白叶枯病轻发区作一季中稻种植。

六、‘Y 两优 5867’

（一）基本信息

该品种由江西科源种业有限公司、国家杂交水稻工程技术研究中心清华深圳龙岗研究所选育。2010 年通过江西省品种审定，审定编号为赣审稻 2010002；2012 年通过国家品种审定，审定编号为国审稻 2012027。

（二）特征特性

该品种为籼型两系杂交水稻。长江中下游地区作一季中稻种植，全生育期平均 137.8 d，比对照‘Ⅱ优 838’长 3.9 d。有效穗数 256.5 万穗 /hm^2，株高 120.8 cm，穗长 27.7 cm，每穗总粒数 161.1 粒，结实率 81.2%，千粒重 27.7 g。整精米率 64.9%，粒型长宽比

3.0，垩白粒率 25.3%，垩白度 4.4%，胶稠度 73 mm，直链淀粉含量 15.3%，米质达国家优质稻谷标准 3 级。稻瘟病综合指数 4.0，穗颈瘟损失率最高级 5 级，白叶枯病 3 级，褐飞虱 9 级，中感稻瘟病，中抗白叶枯病，高感褐飞虱，抽穗期耐热性一般。

（三）产量表现

2009 年参加长江中下游中籼迟熟组水稻区试，平均产量为 8 481 kg/hm^2，比对照‘Ⅱ优 838’增产 1.5%；2010 年续试，平均产量为 8 850 kg/hm^2，比对照‘Ⅱ优 838’增产 8.7%。两年区试平均产量为 8665.5 kg/hm^2，比对照‘Ⅱ优 838’增产 5.0%。2011 年生产试验，平均产量为 9 012 kg/hm^2，比对照‘Ⅱ优 838’增产 8.6%。

（四）栽培要点

（1）育秧　培育多蘖壮秧，插足基本苗。

（2）肥水管理　基肥足、蘖肥速、穗肥饱，氮、磷、钾肥施用比例为 1.0：0.6：（1.1 ~ 1.2）。够苗晒田，有水孕穗，湿润灌浆，后期不要断水过早。

（3）病虫害防治　及时防治稻瘟病、螟虫、稻飞虱等病虫害。

（五）种植区域

该品种适宜在江西、湖南（武陵山区除外）、湖北（武陵山区除外）、安徽、浙江、江苏的长江流域稻区，以及福建北部、河南南部作一季中稻种植。

七、‘软华优 1179’

（一）基本信息

该品种由国家植物航天育种工程技术研究中心（华南农业大学）、华南农业大学农学院、广东华农大种业有限公司选育。2015 年通过广东省品种审定，审定编号为粤审稻 2015041；2018 年通过江西省品种审定，审定编号为赣审稻 20180054。

（二）特征特性

该品种为感温型三系杂交稻组合。平均全生育期 112 ~ 114 d，比对照‘深优 97125’长 3～4 d。株型中集，分蘖力中等，穗大粒多，谷粒细长，抗倒力中强，耐寒性中（孕穗期和开花期均为中）。株高 107.4～111.1 cm，有效穗数 244.5 万～262.5 万穗 /hm^2，穗长 21.9～22.3 cm，每穗总粒数 163～167 粒，结实率 77.6%～82.3%，千粒重 23.2 g。整精米率 62.2%～64.6%，垩白粒率 4%～14%，垩白度 0.8%～1.4%，直链淀粉含量 15.8%～17.1%，胶稠度 59～71 mm，粒型长宽比 3.4，食味品质 81～84 分，米质达国家优质稻谷标准 2 级。感稻瘟病，全群抗性频率 54.55%～83.9%，病圃鉴定叶瘟病 1.8～3.8 级、穗瘟病 5.0～6.0 级；感白叶枯病。

（三）产量表现

2013 年、2014 年参加江西省水稻区试，平均产量分别为 6 727.5 kg/hm^2 和 7 704.3 kg/hm^2，比对照‘深优 97125’分别增产 5.03% 和 4.42%，增产均未达显著水平。2014 年参加江西省生产试验，平均产量为 7 541.1 kg/hm^2，比‘深优 97125’增产 3.80%。

（四）栽培要点

该品种作一季晚稻种植于 6 月初播种；作双季晚稻种植于 6 月 15—20 日播种；大田用种量为 18.75～22.50 kg/hm^2。秧龄 30 d 以内。栽插规格为 16.67 cm × 23.33 cm，每穴插 2 粒谷。大田施 45% 复合肥 300 kg/hm^2 作基肥，移栽后 5～7 d 施用除草剂时施尿素 150 kg/hm^2、氯化钾 150 kg/hm^2 促分蘖。够苗晒田，干湿壮籽，湿润养根，后期不要断水过早。加强稻瘟病、稻飞虱等病虫害防治。

（五）种植区域

该品种适宜江西省稻瘟病轻发区种植。

八、‘泰优 398’

（一）基本信息

该品种由广东省农业科学院水稻研究所、江西现代种业股份有限公司选育，由‘泰丰 A’ × ‘广恢 398’（‘广恢 880’ / ‘广恢 998’ // ‘矮秀占’）杂交选配的杂交晚稻组合。2012 年通过江西省品种审定，审定编号为赣审稻 2012008。

（二）特征特性

该品种全生育期 111.2 d，比对照‘金优 207’早熟 3.7 d。株型适中，长势一般，分蘖力强，有效穗多，稃尖无色，穗粒数中，熟期转色好。株高 85.8 cm，有效穗数 343.5 万穗 /hm^2，每穗总粒数 113.8 粒，实粒数 91.1 粒，结实率 80.1%，千粒重 23.1 g。出糙率 81.4%，精米率 71.5%，整精米率 56.5%，粒长 7.6 mm，粒型长宽比 4.0，垩白粒率 18%，垩白度 1.8%，直链淀粉含量 18.8%，胶稠度 72 mm，米质达国家优质稻谷标准 2 级。穗颈瘟损失率最高级 9 级，高感稻瘟病。

（三）产量表现

2010 年、2011 年参加江西省水稻区试，2010 年平均产量为 6 161.85 kg/hm^2，比对照‘金优 207’减产 1.76%；2011 年平均产量为 7 261.50 kg/hm^2，比对照‘金优 207’减产 0.25%。两年平均产量为 6 711.75 kg/hm^2，比对照‘金优 207’减产 1.01%。

（四）栽培要点

6 月 25—30 日播种，秧田播种量为 150 ~ 225 kg/hm^2，大田用种量为 22.5 ~ 30.0 kg/hm^2。塑料软盘育秧 3.1 ~ 3.5 叶期抛秧，湿润育秧 4.5 ~ 5.0 叶期移栽，秧龄 20 d 左右。栽插规格为 16.67 cm × 16.67 cm 或 16.67 cm × 20.00 cm，每穴插 2 粒谷。施 45% 水稻专用复合肥 450 kg/hm^2 作基肥，移栽后 5 ~ 6 d 结合施用除草剂追施尿素 150 ~ 225 kg/hm^2、氯化钾 75 ~ 150 kg/hm^2。干湿相间促分蘖，有水孕穗，干湿交替壮籽，后期不要断水过早。根据当地农业农村部门病虫害预报，及时防治稻瘟病、二化螟、稻纵卷叶螟、稻飞虱等病虫害。

（五）种植区域

该品种适宜江西省稻瘟病轻发区种植。

九、‘万象优 982’

（一）基本信息

该品种由江西红一种业科技股份有限公司选育，品种来源‘万象 A’×‘红 R982’。2019 年通过江西省品种审定，审定编号为赣审稻 20190041；2019 年通过国家品种审定，审定编号为国审稻 20190136。

（二）特征特性

该品种为籼型三系杂交水稻。在长江中下游作双季晚稻种植，全生育期 118.1 d，与对照‘五优 308’相当。株高 105.3 cm，穗长 24.0 cm，有效穗数 324 万穗 /hm^2，每穗总粒数 150.7 粒，结实率 79.0%，千粒重 25.1 g。整精米率 48.9%，粒型长宽比 3.7，垩白粒率 7%，垩白度 1.2%，直链淀粉含量 15.9%，胶稠度 72 mm。稻瘟病综合指数两年分别为 4.5、3.3，穗颈瘟损失率最高级 9 级，白叶枯病 5 级，褐飞虱 5 级，耐冷性 7 级；高感稻瘟病，中感白叶枯病，中感褐飞虱，耐冷性较弱。

（三）产量表现

2017 年参加长江中下游晚籼早熟组水稻联合体区试，平均产量为 8 435.25 kg/hm^2，比对照‘五优 308’增产 4.32%；2018 年续试，平均产量为 8 890.50 kg/hm^2，比对照‘五优 308’增产 3.34%；两年区试平均产量为 8 662.80 kg/hm^2，比对照‘五优 308’增产 3.83%；2019 年生产试验，平均产量为 8 781 kg/hm^2，比对照‘五优 308’增产 3.5%。

（四）栽培要点

（1）育秧　适时播种，长江中下游作双季晚稻种植，建议 6 月 10—15 日播种，秧田播种量为 105 ~ 150 kg/hm^2，大田用种量为 15.0 ~ 22.5 kg/hm^2。

（2）移栽　适时移栽，合理密植。秧龄 25 d 左右。栽插规格 20 cm × 20 cm 或 20 cm × 23 cm，每穴插 2 粒谷。

（3）肥水管理　合理施肥，科学管水。复合肥 750 ~ 900 kg/hm^2，其中 450 ~ 600 kg/hm^2 做基肥用，其余在插秧后 5 ~ 7 d 施用，尽量少用尿素，禁止后期用尿素，在抽穗前 15 d 左右，施氯化钾 150 kg/hm^2 作穗肥。干湿交替促分蘖，够苗晒田，浅水孕穗，浅水抽穗扬花，收割前 7 d 左右断水。

（4）病虫害防治　根据当地农业农村部门病虫预报，及时防治稻瘟病、纹枯病、二化螟、稻纵卷叶螟、稻飞虱等病虫害，尤其注意防治稻瘟病。

（五）种植区域

适宜在江西、湖南、湖北、安徽、浙江的双季稻稻瘟病轻发区作晚稻种植，稻瘟病重发区不宜种植。

十、'桃优香占'

（一）基本信息

由湖南省桃源县农业科学研究所、广东省农业科学院水稻研究所、湖南金健种业科技有限公司选育。2015 年通过湖南省品种审定，审定编号为湘审稻 2015033。

（二）特征特性

该品种为籼型三系杂交中熟晚稻。全生育期 113.4 d，株高 100.8 cm，株型适中，生长势旺，茎秆有韧性，分蘖能力强，剑叶直立，叶色青绿，叶鞘、稃尖呈紫红色，后期落色好。有效穗数 330 万穗 /hm^2，每穗总粒数 119.5 粒，结实率 79.7%，千粒重 28.8 g。出糙率 80.5%，精米率 71.5%，整精米率 63.3%，粒长 7.4 mm，粒型长宽比 3.4，垩白粒率 20%，垩白度 1.6%，透明度 1 级，碱消值 7.0 级，直链淀粉含量 17.0%，胶稠度 60 mm。稻瘟病综合指数 3.9，穗颈瘟损失率最高级 6.0 级，叶瘟 4.5 级；白叶枯病 7 级，稻曲病 1.8 级，耐低温能力中等。

（三）产量表现

2013 年湖南省区试平均产量为 7 648.95 kg/hm^2，比对照'岳优9113’增产4.28%，差异极显著。2014年湖南省区试平均产量为8 646.75 kg/hm^2，比对照‘岳优9113’增产5.17%，差异极显著。两年区试平均产量为8 147.85 kg/hm^2，比对照‘岳优9113’增产4.73%。

（四）栽培要点

6月22—25日播种。秧田播种量为180 kg/hm^2，大田用种量为22.5 kg/hm^2。秧龄控制在28 d以内，栽插规格为20 cm×20 cm或16.5 cm×20.0 cm，每穴插2粒谷。基肥足，追肥速，氮、磷、钾、有机肥配合施用，适当增加磷、钾肥用量。深水活蔸，浅水分蘖，及时晒田，有水孕穗抽穗，后期干湿交替，不宜断水过早。秧田要狠抓稻飞虱、稻叶蝉的防治，大田注意防治稻瘟病、稻曲病、纹枯病、稻飞虱等病虫害。

（五）种植区域

该品种适宜在江西省稻瘟病轻发区作晚稻种植。

十一、‘甬优1538’

（一）基本信息

由江西兴安种业有限公司选育，‘甬粳15A’×‘F7538’（‘K6141’/‘K6037’）杂交选配的杂交一季稻组合。2015年通过江西省品种审定，审定编号为赣审稻2015009。

（二）特征特性

该品种全生育期127.3 d，比对照‘Y两优1号’早熟0.3 d。株型紧凑，叶片挺直，茎秆粗壮，分蘖力中，稃尖无色，熟期转色好。株高109.0 cm，有效穗数15.1万穗/hm^2，穗长22.1 cm，每穗总粒数225.9粒，实粒数183.2粒，结实率81.1%，千粒重23.1 g。出糙率80.7%，精米率72.5%，整精米率69.9%，粒长5.7 mm，粒型长宽比2.4，垩白粒率19%，垩白度3.4%，直链淀粉含量14.6%，胶稠度85 mm。穗颈瘟损失率最高级9级，高感稻瘟病。

（三）产量表现

2013 年、2014 年参加江西省水稻区试，2013 年平均产量为 8 682.45 kg/hm^2，比对照‘Y 两优 1 号’增产 4.34%；2014 年平均产量为 9 152.55 kg/hm^2，比对照‘Y 两优 1 号’增产 5.25%。两年平均产量为 8 917.50 kg/hm^2，比对照‘Y 两优 1 号’增产 4.80%。

（四）栽培要点

5 月 20—25 日播种，秧田播种量为 150 kg/hm^2，大田用种量为 15.0 kg/hm^2。秧龄 20 ~ 25 d。机插规格 20 cm × 30 cm 或移栽规格 26.64 cm × 26.64 cm，每穴插 2 粒谷。施复合肥 750 kg/hm^2 作基肥，栽后 7 ~ 9 d 施尿素 150 kg/hm^2，隔 4 ~ 5 d 再施尿素 150 kg/hm^2、氯化钾 150 kg/hm^2。浅水分蘖，有水孕穗，有水抽穗扬花。重点防治恶苗病、病毒病、稻曲病、稻瘟病、稻飞虱等病虫害。

（五）种植区域

该品种适宜江西省稻瘟病轻发区种植。

十二、‘新泰优丝占’

（一）基本信息

由南昌市农业科学院粮油作物研究所、江西科源种业有限公司、广东省农业科学院水稻研究所选育，‘新泰 A’×‘丝占’（‘广恢 998’/‘蓉恢 906’）杂交选配的杂交晚稻组合。2019 年通过江西省品种审定，审定编号为赣审稻 20190059。

（二）特征特性

该品种全生育期 118.1 d，比对照‘天优华占’早熟 3.8 d。株型适中，剑叶挺直，分蘖力强，稃尖无色，熟期转色好。株高 109.0 cm，有效穗数 324 万穗 /hm^2，穗长 23.0 cm，每穗总粒数 146.7 粒，实粒数 122.2 粒，结实率 83.3%，千粒重 23.9 g。出糙率 81.9%，精米率 71.2%，整精米率 61.9%，粒长 7.0 mm，粒型长宽比 3.8，垩白粒率 6%，垩白度 2.5%，直链淀粉含量 14.2%，胶稠度 70 mm，米质达国家优质稻谷标准 3 级。穗颈瘟损失率最高级 9

级，高感稻瘟病。

（三）产量表现

2017年、2018年参加江西省水稻区试，2017年平均产量为8 981.10 kg/hm^2，比对照‘天优华占’增产2.06%，差异不显著；2018年平均产量为8 893.35 kg/hm^2，比对照‘天优华占’减产2.04%，差异不显著。两年平均产量为8 937.30 kg/hm^2，比对照‘天优华占’增产0.01%。

（四）栽培要点

6月中下旬播种，大田用种量为22.5 kg/hm^2。秧龄30 d以内。栽插规格为16.67 cm × 23.33 cm，每穴插2粒谷。大田施45%复合肥300 kg/hm^{2}作基肥，移栽后5～7 d结合施除草剂追施尿素150 kg/hm^2、氯化钾150 kg/hm^{2}促分蘖。够苗晒田，干湿壮籽，湿润养根，后期不要断水过早。加强稻瘟病、稻飞虱等病虫害防治。

（五）种植区域

该品种适宜江西省稻瘟病轻发区种植。

十三、‘旱优73’

（一）基本信息

由上海市农业生物基因中心、上海天谷生物科技股份有限公司选育，‘沪旱7A’ × ‘旱恢3号’杂交选配的杂交旱稻品种。2014年通过安徽省品种审定，审定编号为皖稻2014024。

（二）特征特性

该品种芽鞘、叶鞘、叶枕为绿色，叶片浅绿色，柱头白色，护颖黄色，颖壳黄色。剑叶挺直内卷，株型紧凑。穗粒着粒密集，谷粒细长。株高105 cm，有效穗数285万穗/hm^2，每穗总粒数137粒，结实率86%，千粒重27 g。全生育期123 d，比对照‘绿旱1号’迟熟8 d。米质达国家优质稻谷标准3级。中抗稻瘟病，感稻曲病，感纹枯病，感白叶枯病。

（三）产量表现

在一般栽培条件下，2011 年江西省水稻区试产量为 7 400.70 kg/hm^2，较对照‘绿旱 1 号’增产 31.38%，差异显著；2012 年江西省水稻区试产量为 7 404.00 kg/hm^2，较对照‘绿旱 1 号’增产 11.15%，差异不显著。2013 年生产试验产量为 7 174.35 kg/hm^2，较对照‘绿旱 1 号’增产 11.57%。

（四）栽培要点

（1）育秧　适时播种，6 月 10 日前进行大田直播，播种量为 30 ~ 45 kg/hm^2，播种深度 2 ~ 4 cm，覆土，行距 28 ~ 30 cm。

（2）草害防治　播种前种子进行种衣剂拌种，播种后出苗前进行土壤封杀，出苗后 3 叶期，根据田间草害情况进行一次茎叶除草处理。

（3）肥水管理　合理用肥，适时灌水。一般底肥施三元复合肥 225 ~ 300 kg/hm^2，分蘖期至拔节期追施尿素 112.5 ~ 150.0 kg/hm^2，孕穗期 45 ~ 75 kg/hm^2。在播种期、苗期、拔节期、孕穗期至齐穗期、灌浆期遭遇严重干旱时，应及时灌溉。

（4）病虫害防治　注意防治稻曲病、稻纵卷叶螟、稻飞虱等病虫害。

（五）种植区域

该品种适宜在江西省作中稻种植。

十四、‘野香优巴丝’

（一）基本信息

该品种由江西农业大学农学院、江西天稻粮安种业有限公司、广西绿海种业有限公司、江西吉内得实业有限公司选育，‘野香 A’×‘巴丝’（‘茉莉占’/‘小粘米’//‘成恢 727’）杂交选配的杂交晚稻组合。2019 年通过江西省品种审定，审定编号为赣审稻 20190058。

（二）特征特性

该品种全生育期 121.2 d，比对照‘天优华占’早熟 0.8 d。株型适中，剑叶长直，长势繁茂，分蘖力强，有效穗多，稃尖无色，熟期转色好。株高 114.5 cm，有效穗数 346.5 万穗 /hm^2，穗长 21.7 cm，每穗总粒数 154.1 粒，实粒数 121.1 粒，结实率 78.6%，千粒重 21.9 g。出糙率 81.1%，精米率 72.7%，整精米率 67.8%，粒长 6.6 mm，粒型长宽比 3.6，垩白粒率 10%，垩白度 3.2%，直链淀粉含量 15.0%，胶稠度 68 mm，米质达国家优质稻谷标准 3 级。穗颈瘟损失率最高级 9 级，高感稻瘟病。

（三）产量表现

2017年、2018 年参加江西省水稻区试，2017 年平均产量为 8 705.7 kg/hm^2，比对照‘天优华占’减产 1.07%，差异不显著；2018 年平均产量为 9 153.3 kg/hm^2，比对照‘天优华占’增产 0.83%，差异不显著。两年平均产量为 8 929.5 kg/hm^2，比对照‘天优华占’减产 0.12%。

（四）栽培要点

作一季晚稻种植于 6 月初播种，作双季晚稻种植于 6 月 19 日左右播种，秧田播种量为 150 kg/hm^2，大田用种量为 22.5 kg/hm^2。秧龄 22 ~ 25 d。栽插规格为 16.65 cm × 20.00 cm 或 20 cm × 20 cm。每穴插 2 粒谷。施纯氮 105 ~ 180 kg/hm^2，氮、磷、钾肥施用比例为 1 : 0.5 : 0.7，其中基肥占 50% 左右，始穗期施尿素 75 kg/hm^2、氯化钾 75 kg/hm^2 作粒肥，后期看苗追肥。浅水移栽返青，浅水分蘖，够苗晒田，浅水孕穗，浅水抽穗，干湿交替灌浆，收割前 7 ~ 8 d 断水。注意及时施药防治稻瘟病、二化螟、稻纵卷叶螟、稻飞虱等病虫害。

（五）种植区域

该品种适宜江西省稻瘟病轻发区种植。

第三节　适合稻田养殖的常规鱼品种

一、鲤

鲤（*Cyprinus carpio*），俗称鲤拐子、鲤仔，分类上属鲤形目，鲤科，鲤亚科，鲤属。鲤是我国人工养殖历史最久远、地理分布最广泛的养殖鱼类之一，也是我国人民最喜爱的食用鱼类之一。鲤是世界性的养殖鱼类。鲤由于地理分布不同，而产生了类群差别。这些不同类群，即鲤的亚种，是经过长期的人工选育和自然选择形成的。

（一）生物学特性

1. 形态特征

体侧扁，纺锤形，腹部圆，无棱。口端位，呈马蹄形。须 2 对。下咽齿 3 行。背鳍Ⅲ ~ Ⅳ，15 ~ 22；臀鳍Ⅲ，5；背鳍、臀鳍的第三条硬棘坚硬，后缘呈锯齿形。鳞大，侧线鳞 33 ~ 39，体背青灰色，两侧带金黄色，腹部灰白色，尾鳍下叶橘红色，除腹鳍深灰色外，其余各鳍呈橘黄色。

2. 生活习性

典型的底栖性鱼类，一般喜欢在水体下层活动，很少到水面。它对外界环境适应性较强，可以生活在各种水体中，但比较喜欢栖息在水草丛生的浅水处。春季繁殖后大量摄食育肥，冬季在深水处或水草多的地方越冬。鲤善于用能伸缩的吻掘动泥土摄取各种食物，因此易使软泥质的田底和田埂形成许多洞穴，并使水体经常浑浊。鲤对环境的适应能力很强，溶解氧含量达到 0.5 mg/L 时才会窒息，在江河、水库、池塘、稻田、沟渠等水体中均能生存和繁殖。

3. 食性

鲤属杂食偏动物食性，食性广。体长 1.5 cm 的幼鲤，食物以轮虫和小型枝角类为主；3 cm 以上的幼鱼，食物主要是枝角类、桡足类、摇蚊幼虫和其他水生昆虫幼虫；10 cm 以上的成鱼，开始摄食水生高等植物碎片、螺、蚬等，也食各种藻类和有机碎屑。鲤在人工养殖条件下，也喜食各种粮食饲料和商品饲料。

4. 生长

鲤生长较快。水温 15 ~ 30℃均能良好生长，体长增长在 1 ~ 2 龄时最快，体重增长则以 4 ~ 5 龄最快，雌性生长比雄性快一些。不同水体的鲤生长速度差异很大。在人工养殖条件下，一般 1 龄体重可达 0.50 ~ 0.75 kg，2 龄体重可达 1.0 ~ 1.5 kg，3 龄以后生长速度降低。

5. 繁殖特性

鲤产黏性卵，不仅可在江河中产卵，还能在湖泊、水库、池塘等静水中产卵，这也是鲤分布广的重要原因。性成熟年龄随栖息水域纬度不同而有所差异，长江流域 2 龄的雌雄鱼全部成熟，1 龄的雄鱼大部分成熟；珠江流域常 1 龄即成熟，成熟亲鱼规格较小。产卵季节因地而异，南方早、北方晚。产卵最低水温为 14℃，最适水温 18 ~ 22℃。鲤喜欢在江河、湖泊、水库的沿岸浅水多水草的地段产卵。绝对怀卵量和相对怀卵量随鱼体增大而增加，从数万粒到数十万粒不等。受精卵黏附在水草上发育，在水温 20 ~ 25℃时，胚胎期为 53 h 左右。

6. 养殖特点

鲤由于食性杂，适应性强，能在静水中自然繁殖，苗种容易获得，故鲤在我国的淡水养殖中占有十分重要的地位。稻田养殖中，鲤是首选品种，既可作为主养对象，也可作为搭养鱼类。鱼种培育每公顷放养全长 3 cm 以上的夏花鱼种 3 000 ~ 4 000 尾，可收 10 cm 以上规格的成鱼 1 500 ~ 2 250 尾，可产出尾重大于 0.5 kg 的成鱼 1 200 尾以上。

（二）鲤的主要新品种

鲤是我国淡水养殖中历史最久远、范围最广泛的品种，鲤属鱼类种类较多，近些年来，我国水产科技工作者通过杂交及生物工程技术，选育出来许多杂交鲤新品种，下面介绍目前我国主要养殖的鲤品种。

1. 兴国红鲤

兴国红鲤（*Cyprinus carpio* var. *singuonensis*）是由兴国红鲤国家级原良种场与原江西大学生物系合作，经过13年（1972—1984年）6代定向选育形成的一个鲤品种（图2–1）。1996年，兴国红鲤被全国水产原种和良种审定委员会审定为适宜推广的水产优良新品种，品种登记号：GS–01–001–1996。选育后的兴国红鲤，体长与体高比平均为3.3，鱼体呈纺锤形，口端位，马蹄形。须两对，吻须一对较短，颌须一对较长。头、背及身体两侧呈鲜红或橘红色，腹部为金黄色或乳白色，鱼体全身无黑点或其他杂斑。全红个体达到85%以上，生长速度提高10%以上。

兴国红鲤具有背宽肉厚、肉质鲜嫩、生长快、食性广和抗病性强等优点，其经济价值较高，既可食用，也有观赏价值。同时，兴国红鲤还是重要的杂交亲本，杂交亲和力强，容易与其他鲤杂交，且大多具有明显的杂种优势，如丰鲤（兴国红鲤♀ × 散鳞镜鲤♂）、芙蓉鲤（散鳞镜鲤♀ × 兴国红鲤♂）和兴德鲤（兴国红鲤♀ × 德国镜鲤♂）等。另外，异育银鲫是方正银鲫卵异精雌核发育的子代，其父本也选用兴国红鲤。

2. 荷包红鲤

荷包红鲤（*Cyprinus carpio* var. *vuyuanensis*）体型很特别，头

图2–1 兴国红鲤

图 2–2　荷包红鲤

小尾短，背高腹圆，形似“荷包”，体色全红，因而得名（图 2–2）。由江西省婺源县荷包红鲤研究所与原江西大学生物系合作，经 11 年（1969—1979 年）连续 6 代人工选育而成的体色、体型和生长等遗传性状都比较稳定，经济性状显著提高的鲤品种，1980 年经专家鉴定，确认荷包红鲤为我国选育成功的第一个鲤品种。1996 年被全国水产原种和良种审定委员会审定为适宜推广的水产优良新品种，品种登记号：GS–01–002–1996。

荷包红鲤具有生长快、繁殖率高、食性广和抗逆性强等特点，是我国重要的淡水养殖鱼类之一。荷包红鲤因其营养丰富、肉质鲜美、品味上乘而备受各档次宴会之青睐，并上了国宴席。清炖荷包红鲤，其肉质细嫩，汤鲜味美，肥而不腻，香而无腥，味道与平常的鲤鱼不一样。荷包红鲤除可食用和观赏外，还有较高的食疗功能和药用价值。另外，荷包红鲤还是重要的杂交亲本，杂交亲和力强，容易与其他鲤杂交，杂交后代大多具有明显的杂种优势。荷元鲤、岳鲤、三杂交鲤和建鲤等均以荷包红鲤为母本，颖鲤父本的培育也选用了荷包红鲤。

3. 玻璃红鲤

玻璃红鲤（*Cyprinus carpio* var. *wananensis*）与荷包红鲤和兴国红鲤齐名，江西省万安县鱼种场于 1973 年从麻源农场水产队引进 104 尾玻璃红鲤，开始进行万安玻璃红鲤的定向培育研究；1980 年由江西省万安县鱼种场、原江西大学生物系及中国科学院昆明动物研究所共同经过 10 年努力，至 1983 年已培育到 F_6 代，遗传性状比较稳定，经济性状显著提高；1984 年经专家鉴定，确认玻璃红鲤为我国继荷包红鲤之后选育成功的又一个鲤品种；2000 年，玻璃红鲤被全国水产原种和良种审定委员会审定为适宜推广的水产优良新品种，品种登记号：GS–01–002–2000。

选育后的玻璃红鲤，体长 7 cm 以下的幼鱼，全身透明，肉眼可透视内脏；体长达 10 ~ 13 cm 时，透明度逐渐降低。但随着鱼体的增长、肌肉的增厚，仍然可以透视出鳃部轮廓（图 2–3）。除独特的透明性状外，还具有体色红、生长快和耐长途运输等优良性状。F_6 代体色全红个体占 83.64%；较普通鲤增产 21.4%；在充氧条件下，气温 30℃时，运输 2 000 km 以上，其成活率在 90% 以上。玻璃红鲤属中脂肪、高蛋白质鱼类，食感比普通鲤肉嫩、鲜美。玻璃红鲤不但可以食用，还具有观赏价值。玻璃红鲤的养殖方法与其他鲤大致相同，全国各地均可养殖。

4. 瓯江彩鲤

瓯江彩鲤（*Cyprinus carpio* var. *color*）原产于浙江省南部山区的青田、龙泉和永嘉等县市。因自古在稻田中养殖，故当地俗称“田鱼”，其中以“青田田鱼”为主要代表。体长而侧扁，中部稍高，腹部圆，吻圆钝，口前位，口裂呈马蹄形。有两对短须，鳃孔

图 2–3　玻璃红鲤

中等大，体披大而柔软的圆鳞，胸部鳞片较小（图 2–4）。侧线完全，中前部弯曲度较大，背鳍及臀鳍前部的第三条硬棘强大，尾鳍分叉。瓯江彩鲤具有生长迅速快、耐粗食、抗逆性强等特点，且肉质细嫩、营养丰富、鳞片柔软还可食用，是食用鱼养殖的一个极好品种。瓯江彩鲤因主要分布于浙江瓯江流域，且具有绚丽多彩的体色而得名。其丰富的体色为我国鲤科鱼类中所罕见，是探讨鱼类体色遗传的极好材料。根据王成辉等研究，瓯江彩鲤具有 5 种基本体色，即"全红"（体表全为红色）、"大花"（全红体表镶嵌大块黑色斑纹）、"麻花"（全红体表密布黑色小斑点）、"粉玉"（体表呈粉白色）和"粉花"（粉白色体表镶嵌黑色斑纹）。在我国的鲤科鱼类中极为罕见，也能作为经济价值较高的观赏鱼进行养殖。

瓯江彩鲤属底栖鱼类，无论在稻田还是池塘中大多栖息在底质松软或水草丛生的底层，晴天时，也在水面集群游动。适温范围广，最适生长温度 15 ~ 28 ℃，可自然越冬，养殖水质 pH 最宜在 6.5 ~ 8.0，透明度 30 ~ 60 cm。瓯江彩鲤是杂食性鱼类，当幼鱼 10 cm 以下时，主要摄食浮游生物，也食少量绿藻。成鱼食性广，主要摄食底栖生物，也食昆虫、水草、绿萍、菜叶和丝状藻类等。在人工饲养条件下，喜食各类商品饲料，食量较大。瓯江彩鲤

图 2–4　瓯江彩鲤

在自然条件下，生长较快。人工养殖时生长速度由饲料质量以及饲养管理水平决定。一般在稻田里不投饲，夏花鱼种当年可长到每尾150～350 g。在池塘或小水库中，投喂人工饲料，当年鱼种（40尾/kg）可长到每尾0.75～1.5 kg。瓯江彩鲤2龄时即可性成熟，此时体长一般在25 cm以上，体重在1.5 kg左右，通常以3～5龄鱼为最适繁育期。瓯江彩鲤繁殖季节为4—5月，水温稳定在18℃以上时，即可自然产卵，一般为一次性产卵。卵遇水即具有黏性，孵化出苗时间一般4～5 d，积温在125℃左右。瓯江彩鲤肌肉中蛋白质的含量为18.04%，脂肪含量为2.37%（鲜重比），肌肉中含17种氨基酸，其中人体必需氨基酸9种，甘氨酸、丙氨酸、天冬氨酸及谷氨酸等鲜味氨基酸的含量较高，还含有适量的钙、铁、锌、硒等矿物元素，其中锌的含量高于一般的淡水鱼类。该鱼还属药用鱼类，有利尿、消肿等药效。瓯江彩鲤耐粗食、抗逆性强，鱼体色彩艳丽，作为观赏鱼类开发也很有发展潜力。

因此，瓯江彩鲤是一种营养价值较高的食用鱼类，宜推广养殖和加工利用。2005年6月，浙江省青田县稻田养鱼系统，被联合国粮农组织（FAO）、联合国开发计划署（UNDP）和全球环境基金（GEF）列为首批“全球重要农业文化遗产保护项目”之一。

二、鲫

鲫（*Carassius auratus*），属鲤形目，鲤科，鲤亚科，鲫属，在我国广泛分布于除青藏高原地区以外的江河、湖泊、池塘、水库、稻田和水渠中。鲫适应能力强。生活在不同水域的鲫，性状有一定的差异和分化，加上人工培养和选育的结果，鲫品种较多。常见的鲫品种有银鲫、彭泽鲫、异育银鲫、高背鲫、湘云鲫、萍乡红鲫。此外，金鱼是由野生鲫经过人工培养和选育出来的观赏鱼。

（一）生物学特性

1. 形态特征

体侧扁，宽而高，腹部圆，腹鳍至肛门之间较窄。头小，吻钝。口端位，呈弧形，无须，眼大。下咽齿 1 行，侧扁，倾斜面有一沟纹。鳃耙 37～54，细长呈披针形。鳞大，侧线鳞 27～30。背鳍Ⅳ，15～19，其起点在吻端至尾鳍基部的中间，臀鳍Ⅲ，5。背鳍、臀鳍都具有棘，其后缘呈锯齿形。鳔 2 室。体为银灰色，背部较深，呈灰黑色，各鳍均为灰色。

2. 生活习性

鲫是典型的底栖性鱼类，一般喜欢在水体下层活动，很少到水面。它们对外界环境适应性较强，可以生活在各种水体中，但比较喜欢栖息在水草丛生的浅水处。鲫也是广温性鱼类，水温在 10～32℃都能摄食；在较强碱性（pH 达到 9.0）的水中也能生长繁殖；能在水中含氧量较低的情况下长期生活，能经受溶解氧含量低至 0.1 mg/L 的水体。所以鲫分布的地区非常广泛，自亚寒带至亚热带均有分布。

3. 食性

鲫是典型的杂食性鱼类，食物组成主要有腐屑碎片、硅藻、水绵、水草和植物种子，也食一定数量的螺类、摇蚊幼虫、水蚯蚓等底栖动物，以及枝角类、桡足类等浮游动物，摄食方式是吞食。在人工养殖条件下，投喂的动植物饲料，如饼渣、糠、麸、蚕蛹等，鲫也都喜食。

4. 生长

鲫是一种中小型鱼类，生长较慢，在长江中下游地区的鲫，常见大小为 250 g 左右，大的可超过 1 000 g。一般 1 龄体重不到 50 g，2 龄体重约 100 g，3 龄体重约 200 g，4 龄体重约 250 g。鲫的体型可分低背型和高背型两种，低背型的体高为体长的 40% 以下；高背型的体高为体长的 40% 以上，高的可达 46%。高背型鲫的生长比低背型快。目前主要的养殖品种有彭泽鲫、异育银鲫。

5. 繁殖特性

鲫的性别问题相当复杂。有雌雄同体现象的报道，有雌核发育的报道，在自然界雌性比雄性多。性成熟年龄随生长地区的不同而有差异。在南方地区 1 冬龄鱼达性成熟；北方地区的性成熟年龄则一般为 2 冬龄。雌鱼的怀卵量随个体的大小不等而不同，常为 1 万 ~ 10 万粒，分批产卵，产卵期为 3—8 月。其天然产卵场多在浅水湖湾的水草丛生地带。产卵时水温一般在 17 ~ 22℃，多在大雨之后，逆水游到产卵场，产卵时间多在半夜或清晨。卵黏附于水草上，呈淡黄色，吸水后卵径为 2.5 mm 左右。受精卵在水温 22 ~ 25℃时需要经过 50 ~ 60 h 孵化出膜。

6. 养殖特点

鲫营养丰富，肉味鲜美，适应性强，易饲养，是稻田养殖的优质鱼类，深受消费者和养殖者青睐。鲫在稻田养殖中多作为搭养鱼类。苗种培育放养夏花鱼种 11 250 ~ 18 000 尾 /hm^2，可以收获全长 6 cm 的鱼种 9 000 ~ 15 000 尾 /hm^2；成鱼养殖放养全长 6 ~ 10 cm 的鱼种 2 250 ~ 9 000 尾 /hm^2，可收获成鱼 675 ~ 1 125 kg/hm^2。

（二）常见鲫新品种

鲫适应性强，地理分布极广，通过长期对各地生态环境的适应，形成了许多变异的地方性种群。为了开发优良的鲫养殖新品种，近些年来，我国水产科技工作者做了大量卓有成效并富有开创性的工作，选育、培育出了一批具有优良养殖经济性状的鲫新品种。比较常见的有以下 6 个品种。

1. 异育银鲫

异育银鲫（*Carassius auratus gibelio*）是中国科学院水生生物研究所繁殖的优良鲫品种。它以方正银鲫为母本，兴国红鲤为父本，人工杂交所得。由于方正银鲫的繁殖方式是雌核发育，所以它产的卵和兴国红鲤的精子受精以后，精子并没有参加受精过程，仅仅起到“激活”卵的作用，受精卵行固有的雌核发育。异育银鲫比普通鲫生长快 3 ~ 4 倍。异育银鲫目前已选育出第三代，命名为异育银鲫‘中科3号’（图2–5），是中国科学院水生生物研究所淡水生态与生物技术国家重点实验室鱼类发育遗传学研究团队历时10余年研发培育出来的异育银鲫第三代新品种，于2008年获全国水产原种和良种审定委员会颁发的水产新品种证书。

异育银鲫‘中科3号’遗传性状稳定；体色银黑，鳞片紧密，不易脱鳞；生长速度快，比高背鲫生长快13.7%～34.4%，出肉率高6%以上；寄生于肝造成肝囊肿死亡的碘泡虫引起的发病率低。异育银鲫‘中科3号’适宜在全国范围内的各种可控水体内养殖。目前，异育银鲫‘中科3号’已在江苏、湖北、广东和广西等地建立良种扩繁和苗种生产基地，其苗种已在多个省（自治区、直辖市）推广养殖，受到当地养殖者的喜爱和欢迎，取得了显著的社会效益和经济效益。

图2–5　异育银鲫‘中科3号’

异育银鲫‘中科5号’（品种登记号：GS–01–001–2017）是由中国科学院水生生物研究所和湖北省黄石市富尔水产苗种有限责任公司完成选育。培育单位利用银鲫独特的异精雌核生殖，辅以授精后的冷休克处理以整入更多异源父本染色体或染色体片段，筛选获得整入有团头鲂父本遗传信息、性状发生明显改变的个体作为育种核心群体，以生长优势和隆背性状为选育指标，用兴国红鲤精子刺激进行10代雌核生殖扩群，培育出新品种异育银鲫‘中科5号’（图2–6）。

图 2–6 异育银鲫‘中科 5 号’

相比异育银鲫‘中科 3 号’，异育银鲫‘中科 5 号’具有两个明显的优势。首先，它可以在较廉价饲料喂养下获得较快的生长，即投喂低蛋白质（27%）低鱼粉（5%）含量饲料时 1 龄鱼的生长速度平均比异育银鲫‘中科 3 号’提高 18%；而异育银鲫‘中科 3 号’则需要在 31% ~ 32% 的蛋白质饲料下才能生长较好。其次，异育银鲫‘中科 5 号’的抗病能力较强，与异育银鲫‘中科 3 号’相比，感染鲫疱疹病毒时存活率平均提高 12%；养殖过程中对体表黏孢子虫病有一定的抗性，成活率平均提高 20%。此外，异育银鲫‘中科 5 号’6 月龄和 18 月龄时肌间骨总数分别减少 9.47% 和 4.45%，在利于食用方面表现出一定的优势。因此，养殖异育银鲫‘中科 5 号’无疑会降低养殖成本，提高养殖效益，同时也能减缓对资源和自然环境的压力。2014—2017 年，异育银鲫‘中科 5 号’在湖北黄石、江苏南京等地开展生产对比试验和中间试验，均表现出比异育银鲫‘中科 3 号’或当地养殖鲫品种生长快 20%，成活率高 20% 的优势。另外，此品种还具有易垂钓特点，是非常适宜在全国范围内推广养殖的新品种。

2. 高背鲫

高背鲫（*Carassius auratus* var. *gaobei*）又称高体型异育银鲫、高鲫和滇池高背型鲫。高背鲫是水产科技工作者在异育银鲫繁殖和饲养实践中，从 4 个不同品系异育银鲫中选育出来的（图 2–7）。主要是因其体高与体长之比相对较大而得名，体高达体长的47%左右，而其他3个品系为45%左右，普通鲫鱼为42%左右。高体型异育银鲫既保留了鲫和一般异育银鲫适应性强、食性广、耐低氧、抗病力强、肉味鲜美等特点，又有生长快、个体大、产量高的优势，成为众多养殖者喜爱的养殖对象。高背鲫适应的水温范围广，0℃以上水域均能生存，适宜水温23～30℃，最适水温25～28℃。同时高背鲫在自然条件下行雌核发育，繁衍后代，产卵水温16℃以上。该特征有重要的适应意义，在单个或单一雌体存在的情况下，群体可得到恢复发展，可确保资源的更大稳定性，这一特点是其他经济鱼类所不及的。

图2-7　高背鲫

3. 彭泽鲫

彭泽鲫（*Carassius auratus* var. *pengzesis*）因其常栖息于湖中的芦苇丛中，体侧有5～7条灰黑色的芦苇似的斑纹（池塘中饲养一段时间后，斑纹会逐渐消失），也称为芦花鲫；它以个体大（已知一尾最大个体体重6.5 kg）著称，所以也称它为彭泽大鲫（图2-8）。彭泽鲫原产于江西省彭泽县丁家湖、太泊湖、芳湖、芸湖等天然水域，是由江西省水产科学研究所和九江市水产科学研究所从野生彭泽鲫中选育而筛选出的优良品种。

经选育后的彭泽鲫生产性能发生明显提高，生长速度比选育前快50%，比普通鲫的生长速度快249.8%，并成为我国第一个直接

图 2-8　彭泽鲫

从二倍体野生鲫中选育出的优良养殖品种。由于彭泽鲫具有繁殖简单、生长快、个体大、抗逆性强、营养价值高等优良性状，现已在全国大部分地区推广养殖，并形成了完整配套的鱼苗繁殖、苗种培育及成鱼养殖技术，获得了明显的社会效益和经济效益。彭泽鲫背部呈深灰黑色，腹部灰色，各鳍条呈青黑色，为纺锤形。头短小，吻钝，口端位呈弧形、唇较厚，无须，下颌稍向上斜。从下颌底部至胸鳍基部呈平缓的弧形，彭泽鲫尾柄高大于眼后头长。背鳍外缘平直，尾鳍分叉浅。雄性个体胸鳍较尖长，末端可达腹鳍基部。雌性个体胸鳍较圆钝，不达腹鳍基部。彭泽鲫为广温、杂食性的湖泊定居性鱼类，行底栖生活，喜在底质较肥活且水草繁茂的浅水区栖息和摄食。它对水温的适应范围广，能终年正常摄食和生长，最佳生长水温为 25 ~ 30℃。其对水质变化及低溶解氧含量等理化因子有很强的耐受力。它在鱼苗阶段以浮游动植物为食，在鱼种和成鱼阶段可摄食有机碎屑、人工饲料、水生植物碎片、水生昆虫等。在自然水域中，彭泽鲫以当年生长最快，体重可达 128 g 左右，第二年体重增长为上年增长速度的 50% 左右。在人工养殖下，北方地区当年可达 150 g 左右，南方地区可达 200 g 左右。彭泽鲫 1 冬龄可达到性成熟，能在河溪、湖泊、池塘中自然繁殖，其卵为单精子受精，是正常的二倍体有性生殖，卵具黏性。属多次产卵类型，每年 3—7 月繁殖，4 月为繁殖盛期。在南方，一般 3 月中旬以后，水温上升到 17℃左右时，彭泽鲫即开始繁殖，20 ~ 24℃时繁殖活动最盛。降水、微流水和闷热的气候对繁殖期的彭泽鲫有诱发产卵作用。

4. 湘云鲫

湘云鲫［*Carassius auratus* red var.（♀）× *Cyprinus carpio*（♂）］又名工程鲫，是中国工程院院士刘筠为首的技术协作组，运用细胞工程和有性杂交相结合的生物工程技术培育出来的三倍体新鱼种，2002年，湘云鲫通过国家水产原种和良种审定委员会优良品种审定。与普通鲫的生长性能相比，具有性腺不发育、抗病力强、耐低氧、耐低温、食性广、易起捕等优点，特别是生长速度快，工程鲫比普通鲫快3倍；而且在商品特点上也有很多优势，出肉率高，肉质细嫩，味道鲜美，价格高出普通鲫一倍。由于湘云鲫是经过遗传基因重新组合的新型鱼类，它既具有杂交鲫的优点，也具有普通鲫和一般杂交鱼不同的生物学特征。湘云鲫外观与普通鲫相似，湘云鲫体色背部为青灰色，腹部为白色，头部与其他鲫相似，但较小，有一对较小须突；侧线鳞一般为30～32，性腺不育，内脏少，腹部比其他鲫小，背部肌肉明显厚于其他鲫。湘云鲫均为三倍体鱼（$3n=150$），不能繁殖后代，故可以在任何养殖水域放养，不会造成其他鲫、鲤品种资源混杂，也不会出现繁殖过量导致商品鱼质量的下降。湘云鲫具有明显的生长优势，且由于性腺不育，所摄取营养基本用于生长，经同池对照生长试验测定，湘云鲫生长速度超过母本（日本白鲫）40%，是普通鲫的3～5倍，当年鱼苗最大生长个体可达0.75 kg，养殖成鱼最大个体可达1.5 kg。湘云鲫兼有滤食浮游生物的特点，同时具有易捕捞、易垂钓的特点，在一般池塘网捕率可达80%以上，也是开展垂钓业的理想品种。湘云鲫对自然恶劣环境的抵抗能力强，主要表现在以下4方面：①耐低氧能力强。其临界窒息点很低，一般为0.1～0.3 mg/L。当草、鲢、鳙等养殖鱼类因缺氧而发生死亡时，湘云鲫在严重缺氧情况下，往往能够“漂”在水面用嘴呼吸而不易窒息死亡。②抗病能力强。湘云鲫经多年推广养殖，无论是池塘、湖泊或其他水域养殖，均没有因疾病而发生大量死亡的现象。③适应性广。经多年推广实践证明，湘云鲫适合于各种淡水水域养殖。④抗低温性能强。湘云鲫在冬春季，水温 10℃以上（四大家鱼在水温≤15℃时已基本停止生长），仍能正常摄食生长。据检测，它常年肠道均保持充实，鱼种经过一冬春季（12 月至翌年 3 月）的培育，体重可以增重 15%～20%。湘云鲫肉质鲜美，质量高，一方面，湘云鲫肉质鲜美，保持了鲫的风味；另一方面，湘云鲫营养价值高，细刺少，内脏少，可食部分比一般鲫高出 15%，且个体大，体型美，肌间细刺少，鱼肉的精蛋白含量为 16.2%，比日本白鲫高出 2.2%，鱼肉的 4 种鲜味氨基酸含量为 156.84 mg/g（干样），比普通鲫和鲤都高。湘云鲫之所以鲜美，主要为谷氨酸的含量较高，湘云鲫谷氨酸含量为 15.66 mg/g（鲜样）；日本白鲫是 7.52 mg/g（鲜样）；普通鲤是 10.77 mg/g（鲜样）。

湘云鲫 2 号又名湘云金鲫，是由湖南师范大学中国工程院院士刘少军通过倍间交配形成的三倍体鱼，已通过全国水产原种和良种审定委员会的审定（品种登记号：GS-02-001-2008）。湘云鲫 2 号体侧扁，口端位，呈弧形，体被圆鳞，背部青灰色，腹部浅黄色，尾鳍灰色，整个鱼体体色光亮，在外形上接近野生鲫（图 2-9）。与三倍体湘云鲫相比，湘云鲫 2 号在体型上具有显著的改良特征：湘云鲫 2 号表现出明显的高背特征，且体长尾部短小。湘云鲫 2 号具有背部高而厚、腹部小的特点，从而大大提高了含肉率。湘云鲫 2 号含肉率高达 50.37%，水分与蛋白质含量分别为 77.09% 和 19.65%，表现出高蛋白质、低水分特征，特别是湘云鲫 2 号肌肉中氨基酸总含量高达 77.79%（干样），人体必需氨基酸含量为 25.26%（干样），4 种呈鲜味和甜味氨基酸（Asp，Glu，Gly，Ala）的含量也较高，占干样的 32.49%，明显高于湘云鲫的鲜味和甜味氨基酸含量 17.68%（干样）。湘云鲫 2 号肉质鲜美且水分低，氨基酸种类丰富，人体必需氨基酸和呈味氨基酸含量高，保持了鲫鱼的风味，具有口感鲜美的特点，深受消费者欢迎，是一种理想的养殖商品鱼。湘云鲫 2 号性腺发育与湘云鲫相似，性腺不育，是一种不育三倍体鱼。由于性腺发育受到抑制，其生殖发育能量可转化为生长能量，从而使它们的生长速度加快。养殖试验表明湘云鲫2号的生长速度与湘云鲫的生长速度相近，1龄鱼可长到500～600 g/尾，2龄可长到1～2 kg/尾。同池饲养下湘云鲫2号的生长速度为本地鲫生长速度的4.21倍，为普通红鲫的1.43倍。湘云鲫2号生长速度快与它们的性腺发育滞后、生殖细胞呈退化现象以及在繁殖季节GTH细胞内的分泌颗粒和分泌小球不排出有密切关系。湘云鲫2号的不育性保证它们在任何水域中都不会与其他鱼交配，消除了它们对鱼类种质资源产生干扰作用的隐患，同时也避免因生殖而易造成产后染病死亡的现象。湘云鲫2号抗逆性强便于运输，且对恶劣的自然环境具有较高的适应能力。其抗逆性主要表现在以下3个方面：①耐低氧能力强。在缺氧情况下，能够长时间浮头用嘴呼吸而不易因缺氧发生死亡。②在近些年的推广养殖中，无论是池塘、湖泊或其他水域养殖，均没有因疾病而发生大量死亡的现象。③抗低温能力强。湘云鲫2号在春冬季温度较低的情况下仍然保持生长等优点。湘云鲫2号不但具备生长速度快、抗逆性强、肉质好、不育的特点，而且它们的体型更像鲫，含肉率高、味更鲜美，具有很高的养殖价值和市场销售前景。综合各地多年养殖情况，每公顷放养15 000尾湘云鲫，存活率为80%，1龄鱼可长到500 g/尾左右，当年可产400 kg湘云鲫。以市场价格12元/kg计算，年产值可达4 800元，其经济效益十分可观。

图2-9 湘云鲫2号

5. 芙蓉鲤鲫

芙蓉鲤鲫［*Cyprinus capio* furong（♀）× *Carassius auratus* red（♂）］是由湖南省水产科学研究所用散鳞镜鲤为母本，兴国红鲤为父本进行品种间杂交，得到杂交子代芙蓉鲤，再以芙蓉鲤为母本，红鲫为父本进行远缘杂交，得到的新型杂交鲤鲫（图 2–10）。2009 年，芙蓉鲤鲫通过全国水产原种和良种审定委员会审定（品种登记号：GS–02–001–2009）。芙蓉鲤鲫具有鲤鲫杂交种的典型特征，体型偏似父本红鲫，体色灰黄，体形侧扁，背部较普通鲫高且厚，全身鳞片紧密；侧线鳞 30～35，背鳍Ⅲ，17～19；臀鳍Ⅲ，5～6；口须呈退化状，无须个体占 20%，其余个体有 1 或 2 根细小须根；体长为体高的 2.28～2.84 倍，为头长的 3.21～3.87 倍，为体厚的 4.74～5.83 倍，尾柄长为尾柄高的 1.07～1.34 倍。芙蓉鲤鲫质量性状稳定，体色和鳞被等没有明显分离。

芙蓉鲤鲫具有生长快、抗性强、性腺败育、肉质好、易起捕、易垂钓、好运输和易制种等优良特点。①生长快。同池养殖对比试验表明，当年鱼种芙蓉鲤鲫生长速度比双亲平均生长快 17.8%，比父本红鲫生长快 102.4%，为母本芙蓉鲤的 83.2%；2 龄芙蓉鲤鲫生长速度比双亲生长快 56.9%，比父本红鲫生长快 7.8 倍，为母本芙蓉鲤的 86.2%；3 龄芙蓉鲤鲫生长速度比双亲生长快 54.1%，比父本红鲫生长快 7.6 倍，为母本芙蓉鲤的 84.5%。芙蓉鲤鲫生长速度比湘云鲫快 23%，比彭泽鲫快 57.1%，比银鲫快 34.8%。②抗性强。芙蓉鲤鲫食性杂，适应性广，从 1997 年起，在池塘、网箱、稻田中进行单养、混养，至今没有明显的病害记录。养殖户普遍反映，芙蓉鲤鲫不易缺氧浮头、脱鳞充血和受伤感染，因而特别耐操作、耐运输，尤其适合在高温季节捕“热水鱼”，进行活鱼长途运输，运输成活率提高 10% 以上。③性腺败育。在多年的养殖生产中，2 龄以上芙蓉鲤鲫虽有发情动作，但至今未见自交繁殖的后代，即使人工催情可使极少数雌鱼发情产卵，也不能受精。芙蓉鲤鲫两性败育，不仅提高了养殖效益，而且可以避免自交和杂交，防止混杂，更有效地保护鱼类种质资源。④肉质好。芙蓉鲤鲫1龄和2龄鱼的空壳率为80.3%～90.6%，平均86.8%，明显高于普通鲤、鲫（70%～80%）。芙蓉鲤鲫肌肉主要营养成分，粗蛋白质含量为18.22%，高于双亲平均水平（17.95%）；脂肪含量为3.68%，低于双亲。芙蓉鲤鲫每100 g肌肉中，18种氨基酸含量为17.58 g，高于母本的16.67 g和父本的16.88 g；4种鲜味氨基酸含量为6.59 g，高于母本的6.22 g和父本的6.38 g。芙蓉鲤鲫肌肉中不饱和脂肪酸含量为68.97%，略高于双亲的平均水平（68.84%），说明芙蓉鲤鲫鱼肉营养丰富，味道好，深受消费者和养殖户的青睐。

图2-10　芙蓉鲤鲫

6. 萍乡红鲫

萍乡红鲫（*Carassius auratus* var. *pingxiangnensis*）又名萍乡肉红鲫，由江西省萍乡市水产科学研究所、南昌大学和江西省水产科学研究所，经过7年6代的提纯选育而成。新品种具有体色纯正、个体生长快、肉质鲜美、易繁易养、观赏价值高等优点（图2-11）。2005年通过了江西省科技厅组织的专家鉴定，2007年通过全国水产原种和良种审定委员会的品种审定，并正式命名为萍乡红鲫，品种登记号为GS-01-001-2007。它是继江西“三红”（兴国红鲤、荷包红鲤、玻璃红鲤）之后江西第四个全红鲤、鲫品种，也是继彭泽鲫之后江西自主选育的第二个良种鲫。2009年萍乡红鲫又被农业部认定为农产品地理标志品种，跻身江西省淡水渔业100个推荐品种之一。

萍乡红鲫体形与普通鲫基本相似，鱼体呈纺锤形侧扁，吻钝，口亚下位，无须；背鳍Ⅲ，17～18；臀鳍Ⅲ，6；侧线鳞28～29，但其体色和透明性状则差别很大，成鱼头部和背部为橘红色，腹部为肉红色。幼鱼阶段通体透明，能看到鳃丝和内脏轮廓，成鱼阶段鳃盖、鳞片透明，能看到鳃丝。染色体数$3n = 150$，为天然三倍体鲫种群。雌雄比例悬殊，为（5～6）：1，一年即可性成熟，基本上属于一次性产卵类型，也有一年产卵两次的。在江西省萍乡地区，繁殖季节一般在3月中旬以后，水温17℃以上开始产卵繁殖，最适水温19～22℃。当年孵化的鱼苗经200 d饲养可长到200 g以上，属杂食性鱼类。

图2-11　萍乡红鲫

三、草鱼

草鱼（*Ctenopharyngodon idella*），又名鲩、草青、白鲩等，属鲤形目，鲤科，雅罗鱼亚科，草鱼属，分布很广。北自东北平原，南到海南都产此鱼。草鱼生长快，肉味鲜美，细刺少，为广大群众所喜爱，是我国淡水养殖的主要鱼类之一。稻田养殖通常将草鱼作为配养品种。

1. 形态特征

体形近圆筒形，腹部圆，无腹棱。头中等大小，眼前部稍扁平吻钝，口端位，上颌稍长于下颌。无须。鳃耙短小。鳞较大，侧线完全，略呈弧形。背鳍Ⅲ，7；臀鳍Ⅲ，8；胸鳍Ⅰ，16；腹鳍Ⅰ，8；鳃耙15～18。下咽齿2行，齿侧扁，呈梳状。侧线鳞39～44。体色呈淡青绿色，背部及头背部色较深，腹部灰白色，各鳍淡灰色。

2. 生活习性

草鱼性活泼，游动快，通常在水体中下层活动，觅食时也时而在上层活动。在天然水域中，喜居于水中下层和近岸多水草区域，属中下层鱼类。草鱼在0.5～38℃都能存活，但适宜温度为20～32℃，高于32℃或低于15℃时生长显著减慢。低于10℃时停止摄食。在pH为7.5～8.5的微碱性水中生长最好。

3. 食性

草鱼成鱼食水草和其他植物性饲料，是典型植食性鱼类。但在鱼苗阶段则以浮游生物为饵料，长到全长10 cm左右时可以摄食各种陆生和水生草类，如眼子菜、苦草、轮叶黑藻、菹草等。在人工养殖条件下，常投喂的饲料有各种牧草、多种禾本科植物、蔬菜等，此外，还有各种商品饲料，如米糠、麦麸、豆饼及配合饲料等。草鱼虽然食草，但不能消化利用纤维素。草鱼摄食量很大，每天摄食量通常为体重的40%左右。

4. 生长

草鱼生长快，个体大，最大个体可达40 kg以上。长江中的草鱼体长增长最快时期为1～2龄，体重增长则以2～3龄最快。5龄后生长明显变慢。

5. 繁殖特性

草鱼性成熟一般4龄，体重5 kg。怀卵量较大，绝对怀卵量可达百万粒之多。草鱼的卵半浮性，没有黏性，自然条件下需要在流水中产卵。受精卵在水温25℃左右时需要30 h孵化出仔鱼。

四、黄颡鱼

黄颡鱼（*Pelteobagrus fulvidraco*）属鲇形目，鲿科，黄颡鱼属。黄颡鱼是一种小型淡水经济鱼类，在我国各大水系都有分布，特别是在长江中下游的湖泊、池塘、溪流中广泛分布。黄颡鱼氨基酸含量丰富，肉质细嫩，味道鲜美，营养价值高，无肌间刺，且具有滋补作用和药用价值，得到人们的普遍认可，目前已成为高档紧俏的水产品。

1. 形态特征

黄颡鱼背鳍Ⅱ，6～8；臀鳍4～7，14～17；胸鳍Ⅰ，6～7；腹鳍Ⅰ，5～6；尾鳍分支鳍条14～16。鳃耙（外行）12～17。游离脊椎骨38～39。体长为体高3.9～4.7倍，为头长3.2～4.3倍。头长为肠长2.8～3.9倍，为眼径4.3～6.1倍，为眼间隔1.7～2.5倍。尾柄长为尾柄高1.0～1.6倍。

2. 生活习性

黄颡鱼多栖息于缓流多水草的湖周浅水区和入湖河流处，营底栖生活，尤其喜欢生活在静水或缓流的浅滩处，且腐殖质和淤泥多的地方。白天潜伏水底或石缝中，夜间活动、觅食，冬季则聚集深水处。适应性强，即使在恶劣的环境下也可生存，甚至离水5～6 h尚不致死。黄颡鱼较耐低氧，溶解氧含量为2 mg/L以上时能正常生存，低于2 mg/L时出现浮头现象，1 mg/L出现窒息死亡。黄颡鱼适于偏碱性的水域，pH最适范围为7.0～8.5，耐受范围为6.0～9.0。黄颡鱼对盐度耐受性较差，经试验可适应0.2%～0.3%氯化钠，高于0.3%时出现死亡。

黄颡鱼低温0℃时出现不适反应，伏在水底很少活动，呼吸微弱，3 d时间出现死亡。高温39℃出现不适现象，鱼体失去平衡，头朝上，尾朝下，呼吸由快到弱，1 d左右出现死亡。在8～36℃对黄颡鱼成活率影响不大，而与生长有较大关系，低温时黄颡鱼虽能少量摄食，但基本不生长，其生长温度为16～34℃，最佳温度为22～28℃。黄颡鱼在人工养殖条件下，水温对其摄食有显著的影响，开始摄食水温为11℃。较低温度下，黄颡鱼摄食率随温度升高而升高，当温度上升达到29℃时，黄颡鱼摄食率随温度升高而下降。黄颡鱼的最适摄食温度为25～28℃，摄食率为4.06%～4.36%，温度 26℃时，获得最大摄食率 4.36%。

3. 食性

黄颡鱼食性为杂食性，体形、种类、大小各不相同的鱼其食性也是不同的，且随着环境和季节的变化它们的食性也是随之发生变化的，食物主要为陆生及水生昆虫、小鱼，一般在夜间寻找食物。在人工培养时，既可摄食动物饵料，也可摄食人工配合饲料。

4. 生长

一般 1 冬龄鱼重 16～41 g；2 冬龄鱼重可达 100 g 以上。在生长速度方面，以江黄颡鱼最快，自然条件下 1 龄鱼 20～50 g，2 龄鱼 50～100 g。人工培养时，1 龄鱼要比自然条件下大很多。

5. 繁殖特性

黄颡鱼一般 4 冬龄左右就能达到性成熟，可通过它们的外生殖孔鉴别雌雄，雌鱼约为 1.6 cm，有生殖孔和泌尿孔，雄鱼约为 14.7 cm，具有一个乳突状的泄殖孔。黄颡鱼怀卵量为 1 086～4 469 粒，产出的卵径约为 2.5 mm，2 d 内即可孵化，受精卵为黄色，发育在巢底。繁殖季节一般为 4—6 月，其中在温度比较高的南方一般是 4—5 月进行产卵，而在寒冷的北方一般 6 月才开始，进入繁育季节生殖现象是比较明显的，雌雄各不同。产卵适宜水温为 20～30℃，自然条件下黄颡鱼产卵时需要筑巢，筑巢数量从一个到数十个不等，每个巢穴的穴径约为 15 cm，深度约为 10 cm。雌鱼产卵几乎不进食，产卵后觅食，在雌鱼产卵的过程中，雄鱼会在穴口保护雌鱼产卵，若出现入侵的其他鱼类时，雄鱼会极力进攻入侵者，直到进攻者离开为止。

五、加州鲈

加州鲈（*Micropterus salmoides*）学名大口黑鲈，在分类学上隶属于鲈形目，鲈亚目，太阳鱼科，黑鲈属，原产于北美洲，是美国、加拿大等美洲国家内陆水域重要的经济鱼类，也是游钓渔业的重要发展对象。1983 年引入我国，在广东省的深圳、惠州、佛山等地养殖，并于 1985 年人工繁殖成功，繁殖的鱼苗被推广到全国各地。加州鲈具有生长快、个体大、病害少、肉嫩味美、营养价值高、适宜多种水域养殖等优点，现已成为国内重要的淡水养殖品种。

1. 形态特征

加州鲈鱼体呈纺锤形，口裂大，为斜裂，超过眼后缘，颌能伸缩，眼珠突出，背部黑绿色，体侧青绿色，眼部灰白色。从吻端至尾鳍基部有排列成带状的黑斑，体披细小栉鳞。第一背鳍 9 根硬棘；第二背鳍 12～13 根鳍条；臀鳍 3 根硬棘，10～12 根鳍条；腹鳍 1 根硬棘，5 根鳍条。尾为正尾裂，稍向内凹。侧线完全，口内具绒毛状细齿，有胃和幽门垂，消化道为体长的 0.7 倍，可食部分占体重的 86%。

2. 生活习性

加州鲈喜栖息于沙质或沙泥质且混浊度低的静水环境，尤喜群栖于清澈的缓流水中。经人工养殖驯化，已能适应稍为肥沃的水质。在池塘中一般活动于中下水层，常藏身于植物丛中。在水温 1～36℃均能生存，10℃以上开始摄食，最适生长温度为 20～30℃。正常生活时，水中溶解氧含量要求在 4 mg/L 以上，溶解氧含量低于 2 mg/L 时，幼鱼出现浮头。加州鲈对盐度适应性较广，不但可以在淡水中生活，而且还能在含盐量 10% 以内的咸淡水中生活。

3. 食性

加州鲈是以肉食为主的杂食性鱼类，刚孵出鱼苗的开口饵料为轮虫和无节幼体，稚鱼以食枝角类为主，幼鱼以食桡足类为主。长 3.5 cm 的幼鱼开始摄食小鱼，在饲料缺乏时，常出现自相残食现象。掠食性强、摄食量大，水温在 25℃以上时，幼鱼摄食量可达自身体重的 50%，成鱼达 20%。人工饲养，可投喂切碎的小杂鱼作饲料；经驯化后，也可以投喂人工配合饲料。

4. 生长

由于加州鲈食量大，因而生长快，当年繁殖的鱼苗养至年底，可长到体重0.5 kg左右的上市规格，大的可达1 kg。翌年体重可达1.5 kg，以后生长速度逐渐减慢。现已知最大的养殖个体重达9.7 kg。

5. 繁殖特性

加州鲈一般2龄达性成熟，饲养得好，1龄也可性成熟。产卵期3—5月，繁殖适宜水温为18～26 ℃，最适温度20～24 ℃。加州鲈属于一年多次产卵类型，1 kg体重的雌鱼怀卵量为4万～6万粒。卵黏性，但黏着力较弱，在自然水域及人工养殖的池塘中可以自然繁殖。加州鲈有筑巢护卵护苗习性，在生殖季节雄鱼会在水域底部掘巢，挖成一个直径约60 cm，深2～20 cm的凹洞，并用水草或石砾等造成卵巢，然后引诱雌鱼入巢。雌雄相会后，雄鱼不断用头部顶托雌鱼腹部，使雌鱼发情产卵，雄鱼同时射精，产卵后雌鱼即离去。受精卵黏附在水草或石砾上孵化，由雄鱼在周守护，并不断地用尾鳍摆动水流，使卵粒得到充足的氧气。当孵出的鱼苗长至3 cm左右，雄鱼才离巢而去。加州鲈受精卵呈圆球形，淡黄色，内有金黄色的油球，卵径1.2 mm左右，在水温18～21 ℃时，48 h孵出；水温24～26℃，孵化时间30 h。刚孵出的仔鱼无色透明，全长3.0 mm，卧于水底，肉眼很难看清，4～5 d以后，仔鱼黑色素出现，集群游动，开始摄食小型浮游动物。

第三章

稻田养鱼田间工程

通过对稻田生态环境进行控制，力求获得较高的稻谷产量，这就形成了典型的人工稻田生态系统。与天然生态系统不同的是，人工稻田生态系统总是在人们有意识地控制和调节下存在，通过人为耕作、播种、除草、灭虫、灌溉、种子改良等措施，使水稻生产有效进行。但普通稻田生态环境及稻作方式，并不是为养鱼而设定的，因此无法承载一定规模养殖鱼类的生存需要，甚至水稻种植管理要求还与鱼类生长需求存在一定矛盾。为调和水稻种植与田间鱼类生长之间的矛盾，满足综合种养需求，实现稻鱼共存，特别是满足稻田中鱼类生长及技术管理需求，需要对养鱼的稻田进行一些基本工程建设。

开展综合种养的稻田基本田间工程包括开挖鱼沟、鱼溜，建设进排水系统，安装拦鱼防逃设施及搭建遮阳棚等。开展稻田综合种养的田间工程建设，在20世纪80年代前主要是传统的“平板式”养鱼工程，而后逐渐发展为“沟池式”“垄稻沟式”“流水沟式”养鱼工程。近十年来，水产科技人员与渔（农）民在生产实践中将简单的“沟溜（凼）式”养鱼工程建设融入现代稻渔综合种养工程技术，将田埂、田块、拦鱼栅、鱼溜、鱼沟、排洪与进水系统等基础工程有机结合起来，在具体运用中与中低产田改造、冬水田改造、农田排灌系统建设结合起来，与不同地区、不同气候、不同经济水产动物的稻田养殖及水稻育秧栽培、免耕新技术有机结合起来。

一、开挖鱼沟、鱼溜

（一）鱼沟、鱼溜的作用

（1）稻田依稻作需要进行施肥、施用农药和排水晒田操作时，鱼沟、鱼溜可为稻田养殖鱼类提供集中暂养空间和遮蔽场所。

（2）稻田水浅、水体环境稳定性差，鱼沟、鱼溜中水较深，水温较恒定，在稻田水温急剧变化时，养殖鱼类可游进鱼沟、鱼溜中防寒避暑。

（3）排水捕鱼时，散布在田中的鱼类能逐步汇集于鱼沟、鱼溜中，便于捕捞。

（二）开挖鱼沟

鱼沟又称鱼道，是田块内连通鱼溜，供鱼类游动的通道；其有利于鱼的集中起捕，降低捕鱼劳动强度，减轻鱼体受损程度。

1. 鱼沟规格

开挖鱼沟的宽度、深度和面积应根据养殖对象的习性、田水灌排难易程度，以及鱼沟、鱼溜之间面积配置等因素而定。常见的为深 30 ~ 50 cm，宽 30 ~ 45 cm。水源条件较差的田块或鱼产量指标相对较高的田块，鱼沟的深度、宽度应相应增大。如重庆地区产鱼 1 500 kg/hm^2 的稻田中，鱼沟深 1 m，宽 1.2 m 左右。实践证明，鱼沟面积一般占稻田面积的 3% ~ 5% 为宜，通过鱼沟边际适当密植等措施，稻谷产量不会减少，反而会因稻鱼共生作用而产生一定的增产效果。

2. 鱼沟形式

鱼沟开挖的形式一般要依田块的面积和形状而定。一般 0.067 hm^2 以下的田块，沿田块的长轴在田块中央开挖一条鱼沟，再从进水口到排水口开挖一条鱼沟，两沟连接成“十”字形，若田块长轴和进排水连线一致，则只开一条“一”字形鱼沟即可；面积为 0.130 hm^2 左右的稻田一般在田块中开挖“十”字形或“井”字形鱼沟；0.200 hm^2 及以上的田块开成“井”字形、“日”字形或“丰”字形鱼沟。对于面积较大的田块，除上述纵横沟道外，还可以绕田四周开挖围沟。为防止造成塌埂和避免田鱼被盗，围沟须距田埂 1 m 以上，围沟也要与纵横沟相连，使整个沟道在田内分布均匀，四通八达，鱼类能自由游动。

许多山区稻田田块并不规整，依据田块的形状可挖成“一”“十”或“井”字形等形状的鱼沟，沟宽 60～80 cm，深 50～60 cm，离田埂 1.5 m 处开挖。比较狭长的梯田只在内埂处挖一条鱼沟。

3. 鱼沟开挖时间选择

鱼沟开挖时间大致分为插秧前和插秧后两个时段。第一个时段是插秧前，进行整田耙平的同时开挖鱼沟，开沟完成后再栽插秧苗。其特点是操作方便，挖出的泥土容易抛撒整平，挖沟速度快、效率高、质量好。但缺点是在进行栽秧操作时，搅水起浆、人工挑秧、插秧等活动会对已开好的鱼沟造成较大影响，栽秧后必须再进行清沟除泥，从而增加用工量。第二个时段是整田耙平后，栽秧时预留沟距，栽好秧后再开挖鱼沟。其优点是可以一次完成，无须重复劳动，缺点是挖出的泥土不易抛撒，需要挑土到田埂上，较费时费工，不过可结合田埂加高加固工程，以达到物尽其用，事半功倍。

（三）开设鱼溜

鱼溜又称鱼凼、鱼坑、鱼窝等，主要作用是为鱼类提供栖息和遮蔽场所，其形状有方形、长方形、圆形及在田角依田块形状而形成的不规则形等。

1. 鱼溜开设位置

鱼溜开设位置多在田块中央或田块一角。鱼溜设置于田块中央有利于鱼类聚散和防止鱼类逃逸或被盗，少受人为活动干扰，但对观察鱼类活动情况、人工投饵等较为不便；鱼溜设置于田角，对观察鱼情、投饵等十分方便，但对于较大面积田块而言，难以使鱼完全聚集，并且防逃、防盗难度较大。

2. 鱼溜规格

视稻田面积大小、水源条件及养殖对象习性不同，鱼溜面积有较大差异，小则 5～10 m^2，大则 20 m^2 以上，并且可开设一个至多个，一般鱼溜总面积占稻田面积的 3%～8%；鱼溜深度多为 0.6～1.2 m，水源条件差、养殖密度大的稻田，鱼溜可深达 1.5～2.5 m。鱼溜开挖深浅也应根据当地实际条件和养殖需要而定，从生产实践上看，鱼溜过浅，养殖鱼类活动空间不足，且夏季高温时，鱼溜水温可能高过鱼类耐受限度，影响养殖对象正常生长，甚至导致死亡；鱼溜过深，则开挖工程量大，鱼溜内水体交换差，养殖鱼类特别是底栖鱼类较少出溜活动觅食，不利于稻田内其他大面积浅水区域的利用。

3. 鱼溜开挖基本要求

（1）鱼溜开挖时间一般选择在冬末初春农闲时。此时稻谷早已收割，田内无水，开溜操作方便，工效也较高。

（2）挖出的肥沃表层田土可以抛撒于四周田面或用于加高加固垄面，底层较硬泥土则可用来加高加固田埂，鱼溜开挖成形后要将溜壁夯捶坚实，以防日后出现渗漏。一般性的简易鱼溜，可在鱼溜四壁打上木桩或竹桩，并围以竹箔，防止溜壁浸水垮塌；面积较大、较规范的长久性鱼溜可以用条石、水泥板或毛石垒砌护壁。

（3）鱼溜与田面相接处应筑一道溜埂，埂宽 20～30 cm，埂上留数个与鱼沟相通连的宽约 1 m 的缺口便于养殖鱼类进出活动。埂上可种植一些藤蔓类经济植物，并在鱼溜上方搭设棚架，供其攀爬，既可增加收入，又可在夏季为鱼类遮阳纳凉。

（4）鱼溜建成后，可在溜底插些树桩、树枝及竹枝，以防止偷捕、偷钓。

（四）沟溜配置

鱼沟是鱼类活动的通道，鱼溜是鱼类栖息和避难的场所，两者彼此相互连通，功能上相辅相承，稻田养鱼的综合作用能否有效发挥，与两者的配置是否科学合理密切相关。一定条件下，沟溜可以合二为一，如面积 0.067 hm^2 以下的呈带状稻田（如山区梯田）可只纵向开挖一条鱼沟，并适当加大沟宽沟深，使其兼具沟、溜两种功能；有些地区水源条件较差或田埂高度不足，可以充分加大加深鱼溜。

常见的沟溜配置形式，从鱼溜数量上有一田一溜、一田多溜两类；从鱼溜在田中位置上分为鱼溜设在田中和鱼溜设在田侧两类，依据鱼沟的不同形式，如“十”字形、“日”字形、“井”字形和“丰”字形等，变化出丰富多样的沟溜配置样式，满足不同面积、不同鱼类的稻田养殖需求。

二、建设进排水系统

建设进排水系统要根据稻田集水面积大小决定进排水沟（渠）的宽窄、深浅。一般成片的稻田，上游水源有保证，进排水沟应稍宽，通常要求排水沟宽于进水沟。进排水系统应建在田块外，不能在稻田中串联，并且要求进排水系统分开。具体来讲，养鱼稻田进排水系统应满足以下要求。

（1）养鱼稻田进排水口应开设在田块长边的对角线两端，并与鱼沟、鱼溜相通，要做到田水能通畅、充分交换，不留水体交换死角。

（2）养鱼稻田进排水口的数量和尺寸应满足田块正常用水和能在短时间内排出暴雨、山洪等原因造成的大量积水需要。一般面积 0.130 hm^2 以内的稻田排水口开设 1 个，稻田面积 0.067 hm^2 以内的排水口宽 0.5 ~ 0.8 m，稻田面积 0.067 ~ 0.130 hm^2 的排水口宽 1.0 ~ 2.0 m；面积超过 0.130 hm^2 的稻田开设排水口 2 个，每个口宽 1.2 m 以上。排水口底面要略低于最低处的稻田泥面，保证需要时能将田水全部排完，排水口也需要设置调控水位的挡水设施，随着稻作生产和养鱼过程中对田水深度的变化要求调整排水口的高低。一般进水口宽度为 0.4 ~ 0.8 m。

（3）进排水口的底面和两侧边应铺设石板、水泥板或砖块，垒砌牢固，避免流水长期冲刷而垮塌。

三、安装拦鱼防逃设施

进排水口处必须安装好拦鱼设施，这是稻田养鱼必备的关键环节之一。根据材质和结构不同，拦鱼设施常见的有竹、绳编联的竹栅式拦网和金属或纤维网制成的框架式拦网两类。

（一）竹栅式拦网

竹栅是最为常见的拦鱼工具，其特点是材料来源方便，成本低，加工容易。

1. 选材及制作

制作竹栅式拦网应选择材质坚实的竹子品种，且为2龄以上的老竹子。将竹子依所制竹栅高度截短，劈成1.0～1.5 cm宽的竹条（保留外皮），再用结实的细绳编联成竹栅。

2. 规格要求

竹栅缝隙宽度在不致逃鱼的前提下越宽越好，否则容易造成过水阻滞。一般以养殖相同规格鲢的头部宽度作为设置竹栅空距的参照标准，即如果可以拦护鲢，则可以拦护同等规格的其他养殖鱼类。静水或微流水条件下，竹栅空距小于同等规格鲢头宽的90%，流水条件下空距小于其头宽的80%。竹栅宽度应较进排水口宽0.5～1.5 m，高度须保证在安插好后能高出田埂30～50 cm。

3. 安装方式

竹栅安插时，形状多设定为“∧”“几”形等，并将凸起面迎向水流，其作用在于既可增大过水量，又能提高竹栅抵抗水流冲击的机械强度。竹栅必须竖立安放，且下端应嵌入砖、石凹槽中，或插入土层深20 cm以上，必要时在竹栅基部打入竹、木桩加固。

（二）框架式拦网

1. 选材及制作

框架式拦网一般是由金属、塑料或木材制作成长0.7～1.2 m、宽0.4～0.7 m的框架，内嵌网格材料用以拦鱼。稻田养鱼前期鱼体较小，框架可嵌以塑料窗纱；随着养殖过程中鱼体长大，可更换网目大小适中的聚乙烯无结网片或金属筛片。

2. 安装方式

养鱼稻田中框架式拦网安装方式基本与竹栅式拦网类似，要求上端高出田埂 30～40 cm，下端及左右两侧插入硬质土层 20 cm，或插嵌于砖、石砌好的卡槽内。

四、搭建遮阳棚

稻田水较浅，水温因气温和日光照射时间的变化而变化幅度较大。在我国许多地区盛夏炎热、水温高、温差变化大，一些稻田水温有时甚至高达 35℃，对稻田养殖鱼类的正常生长影响较大。因此，应结合当地条件，在鱼溜上采用竹竿、稻草等搭建遮阳棚，以起到遮阳避暑、控制水温的作用，也可以在鱼溜埂上种植丝瓜、苦瓜、南瓜等夏季蔬菜，让其沿棚架自由攀爬，遮阳面积要控制在鱼溜面积的 1/4～1/2。

五、修建溢洪沟

我国有大量地处丘陵、山区集水面积较大的稻田，一般成排连片，易于蓄水，对开展稻田养鱼十分有利，但雨季时容易遭受暴雨、山洪冲刷，造成漫田逃鱼，严重时会出现田埂垮塌。因此对于开展稻田养鱼的田块，应按最大洪水量修建溢洪沟。溢洪沟应修建于稻田一侧，沟深、沟宽应依所需排洪量及所采用的建设方式而定，一般沟宽 1.0～1.2 m，深 1.2～1.5 m。水流量大的溢洪沟可适当加宽加深，采用土沟修建的溢洪沟也需要适当加宽加深，采用石板、条石、毛石、水泥板等硬质材料修建的溢洪沟，其沟深沟宽可适度减小。为确保溢洪效果，溢洪沟底面应低于稻田泥面 20～30 cm，溢洪沟堤应略高出稻田田埂。也可将溢洪沟作为稻田排水沟使用。

六、安装防鸟装置

随着生态环境的好转，在一些稻作区秧鸡、白鹭、鹳等鸟类数量日益增多，稻田成为其主要活动场所。这些鸟类不仅喜欢摄食稻田养殖的水产动物，而且还带来传播疾病的风险。因此，在稻田养鱼田间工程建设时，要考虑安装必要的防鸟装置。一般在稻田四周田埂上立 2.5 m 高的水泥柱桩，埋入土中 0.5 m 左右，并拉上粗铁丝，稻田上空平行布置细塑料线，间隔 0.5 m 左右，既可防鸟又不伤害鸟。有条件的可在稻田上空覆盖防鸟网。

七、其他配套设施

开展综合种养的稻田，根据养殖需要，还可以配必要的抽水机、水泵、暂养网箱、地笼等。大规模开展名优水产品养殖的稻田还需要建造看管用房等生产、生活配套设施。

第四章

鱼苗种繁育

第一节　人工繁殖

由于传统稻鱼养殖的品种多为四大家鱼，因此多采用自然产卵的方式进行人工繁殖。苗种的人工繁殖一般在3—4月进行，此时天气渐暖，昼夜温差较小，水中温度保持在15℃左右，最适合鱼苗的繁衍。首先，用竹竿或竹片在池塘中限定数个区域，并按照1∶4或1∶5数量放入雌鱼与雄鱼；其次，池塘中水没过鱼鳍，并在水面上放置细草；最后，将含有卵的细草放入池塘中间，使其自然生长或喂食一些农家肥，直至长成鱼苗。

现代稻田养鱼采用在田外每6.67 hm^2稻鱼基地配套建设0.67 hm^2苗种培育池塘，将田内种养与田外水产苗种就地培育相结合，确保下田水产苗种的就地培育、就近投放，解决了稻田相对分散、外购苗种下田成活率低的难题，体现了稻田养鱼的区域特色。

所谓鱼苗培育，就是将孵化出的鱼苗养育成体质健壮、适合于高温运输的夏花鱼种。为此，需要专用鱼池进行精心、细致的培育。这种由孵化出的鱼苗培育至夏花鱼种的鱼池在生产上称发塘池。

根据上述要求，近年来建立的培育鱼苗的综合技术，使发塘池鱼苗的成活率明显提高。在放养密度为150万尾/hm^2的鱼苗，经20 d左右的培育，夏花鱼种的出塘规格达3.3 cm以上，成活率达80%左右，鱼体肥壮、整齐。现将培育方法和技术关键归纳如下。

一、选择良好的池塘条件

鱼苗培育池应尽量符合下列条件。

（1）交通便利，水源充足，水质良好，不含泥沙和有毒物质，进排水方便。

（2）池形整齐，最好是东西向的长方形，其长宽比为 5∶3。面积 0.067 ~ 0.200 hm^2，水深 1.0 ~ 1.5 m，以便于控制水质和日常管理。

（3）池埂坚固、不漏水，其高度应超过最高水位 0.3 ~ 0.5 m。池底平坦，并向出水口一侧倾斜。池底少淤泥、无砖瓦石砾，无丛生水草，以便于拉网操作。

（4）鱼池通风向阳，其水温增高快，也有利于有机物的分解和浮游生物的繁殖，鱼池溶解氧含量可保持较高的水平。

二、重视整塘，彻底清塘

多年用于养鱼的池塘，由于淤泥沉积过多，堤基受波浪冲击，一般都有不同程度的崩塌。根据鱼苗培育池所需要的条件，必须进行整塘和清塘。所谓整塘，就是将池水排干，清除过多的淤泥；将塘底推平，并将塘泥贴在池壁上，使其平滑贴实；填好漏洞和裂缝，清除池底和池边杂草；将多余的塘泥上池堤，为青饲料的种植提供肥料。所谓清塘，就是在池塘内施用药物杀灭影响鱼苗生存、生长的各种生物，以保障鱼苗不受敌害、病害的侵袭。为提高夏花鱼种的成活率，根据鱼苗的生物学特性务必采取以下措施：一是创造无敌害生物及水质良好的生活环境；二是保持数量多、质量好的适口饵料；三是培育前必须先整塘，曝晒数日后，再用药物清塘。只有认真做好整塘工作，才能有效地发挥药物清塘的作用。否则，由于池塘淤泥过多，造成致病菌和孢子大量潜伏，达不到清塘杀毒的效果。因此在生产上一定要克服“重清塘，轻整塘”的错误倾向。

1. 整塘、清塘的优点

（1）改善水质，增强肥度　池塘淤泥过多，有机物耗氧量大，造成淤泥和下层水长期呈缺氧状态。在夏秋季节容易造成缺氧浮头，甚至死亡。此外，有机物在缺氧条件下，产生大量还原物质（如有机酸、硫化氢、氨等），使池水的pH下降，抑制鱼类生长。池塘排水后，清除过多淤泥。池底经阳光曝晒，改善了淤泥的通气条件，加速了有机物转化为无机盐，改善了水质，增加了水的肥度。

（2）增加放养量　淤泥清除后，增加了池塘的容水量，相应地可增加鱼苗的放养量和鱼类的活动空间，有利于鱼苗生长。

（3）保持水位，稳定生产　清理池塘，修补堤埂，防止漏水，提高了鱼池的抗灾能力和生产的稳定性。

（4）杀灭敌害，减少鱼病　通过整塘、清塘，可清除和杀灭野杂鱼类、底栖生物、水生植物、水生昆虫、致病菌和寄生虫孢子，提高了鱼苗的成活率。

（5）增加青饲料或经济作物的肥料　塘泥中有机物含量很高，是植物的优质有机肥料。将塘泥取出，作为鱼类青饲料或经济作物的肥料，变废为利，有利于生态平衡，可提高经济效益。

2. 常用的清塘药物及使用方法

（1）生石灰清塘　生石灰（CaO）遇水就会生成强碱性的氢氧化钙［$Ca(OH)_2$］，在短时间内使池水的pH上升到11以上，因此可杀灭野杂鱼类、蛙卵、蝌蚪、水生昆虫、虾、蟹、蚂蟥、丝状藻类（水绵等）、寄生虫、致病菌以及一些根浅茎软的水生植物。此外，用生石灰清塘后，还可以保持池水pH的稳定，使池水保持微碱性；并可以改良池塘土质，释放出被淤泥吸附的氮、磷、钾等营养盐类，增加水的肥度；而且生石灰中的钙本身是动植物不可缺少的营养元素，施用生石灰还能起施肥的作用。

使用生石灰清塘有两种方法：第一种方法是干法清塘，即将池水基本排干，池中须积水6～10 cm（这样池内泥鳅等就不会钻入泥中）。在池底挖若干个小坑，将生石灰分别放入小坑中加水溶化，不待冷却即向池中均匀泼洒。生石灰用量一般为每公顷池塘900～1 125 kg，淤泥较少的池塘用750～900 kg。清塘后第二天须用铁耙耙动塘泥，使石灰浆与淤泥充分混合。第二种方法是带水清塘，即不排水，将刚溶化的生石灰浆全池泼洒。生石灰用量为每公顷平均水深1 m用1 875～2 250 kg。

生石灰清塘的技术关键是所采用的石灰必须是块灰。只有块灰才是氧化钙（CaO），才称生石灰；而粉灰是生石灰已潮解后与空气中的二氧化碳结合形成的碳酸钙（$CaCO_3$），称熟石灰，不能作为清塘药物。

（2）茶粕清塘　茶粕又称茶籽饼，是油茶的种子经过榨油后所剩下的渣滓，压成圆饼状。茶粕含皂角苷7%～8%，它是一种溶血性毒素，可使动物的红细胞分解。10 mg/L的皂角苷9～10 h可使鱼类失去平衡，11 h死亡。茶粕清塘能杀灭野杂鱼、蛙卵、蝌蚪、螺蛳、蚂蟥和一部分水生昆虫，但对细菌没有杀灭作用，而且施用后，即为有机肥料，能促使池中浮游生物繁殖。必须强调的是，用茶粕清塘，以杀灭鱼类的浓度无法杀灭池中的虾、蟹类。这是因为虾、蟹体内血液透明无色，运载氧气的血细胞不呈红色（称蓝细胞），茶粕清塘常用的浓度不能使其分解。所以生产上有“茶粕清塘，虾、蟹越清越多”之说。

使用方法是将茶粕敲成小块，放在容器中用水浸泡，在水温25℃左右浸泡一昼夜即可使用。在施用时再加水，均匀洒泼于全池。每公顷池塘水深20 cm用量390 kg，水深1 m用量为525～675 kg。上述用量可视池塘内野杂鱼的种类而增减，对不钻泥的鱼类用量可少些，反之则多些。

（3）漂白粉清塘　漂白粉一般含有效氯30%左右，遇水分解释放出次氯酸。次氯酸立即释放出新生态氧，它有强烈的杀菌和杀死敌害生物的作用。其杀灭敌害生物的效果同生石灰。对于盐碱地鱼池，用漂白粉清塘不会增加池塘的碱性，因此往往以漂白粉代替生石灰作为清塘药物。

使用方法是先计算池水的体积，按 20 g/m^3 池水量使用漂白粉。将漂白粉加水溶解后，立即全池泼洒。漂白粉加水后放出初生态氯，挥发性、腐蚀性强，并能与金属起作用。因此，操作人员应戴口罩，用非金属容器盛放，在上风处泼洒药液，并防止衣服沾染而被腐蚀。此外，漂白粉全地泼洒后，需要用船桨晃或划动池水，使药物迅速在水中均匀分布，以加强清塘效果。

漂白粉受潮易分解失效，受阳光照射也会分解，故漂白粉必须盛放在密闭塑料袋内或陶器内，存放于冷暗干燥处。否则漂白粉潮解，其有效氯含量大大下降，影响清塘效果。目前市场上已有用漂白精、三氯异氰尿酸等药物来代替漂白粉的趋势。漂白精清塘浓度为 10 mg/L。三氯异氰尿酸作为清塘药物其浓度为 7 mg/L。

用上述药物清塘，一般经 7 ~ 10 d 后药效消失，方可放养鱼苗。漂白粉类药物清塘后药效消失较快，约 5 d 后可放养鱼苗。

三、确保鱼苗在轮虫高峰期下塘

为了让鱼苗下塘后就能获得量多质好的适口饵料，必须在下塘前将池水培养好，为鱼苗提供最佳适口饵料。此乃提高鱼苗成活率的技术关键。

初下塘鱼苗的最佳适口饵料为轮虫和无节幼体等小型浮游动物。一般经多次养鱼的池塘，塘泥中贮存着大量的轮虫休眠卵。据测定，在密度为 100 万 ~ 200 万只 /m^2 的池塘中，塘泥表面的休眠卵仅占 0.6%，其余 99% 以上的休眠卵被埋在塘泥中，因得不到足够的氧气和受机械压力而不能萌发。因此在生产上，当清塘后放水时（一般 20 ~ 30 cm），就必须用铁耙翻动塘泥，使轮虫休眠卵上浮或重新沉积于塘泥表层，促进轮虫休眠卵萌发。生产实践证明，放水时翻动塘泥，7 d 后池水中轮虫数量明显增加，并出现高峰期。表 4–1 为水温 20 ~ 25℃时，用生石灰清塘后，鱼苗培育池水中浮游生物的出现顺序。

从生物学角度看，鱼苗下塘时间应选择在清塘后 7 ~ 10 d，此

表 4-1 生石灰清塘后浮游生物变化模式（未放养鱼苗）（李永函，1985）

项目	1～3 d	4～6 d	7～10 d	11～15 d	15 d 后
pH	>11	>9～10	9 左右	<9	<9
浮游植物	开始出现	第一个高峰	被轮虫滤食，数量减少	被枝角类滤食，数量减少	第二个高峰
轮虫	零星出现	迅速繁殖	高峰期	显著减少	少
枝角类	无	无	零星出现	高峰期	显著减少
桡足类	无	少量无节幼体	较多无节幼体	较多无节幼体	较多成体

时下塘正值轮虫高峰期。但生产上无法根据清塘日期来要求鱼苗适时下塘时间，加上依靠池塘天然生产力培养轮虫数量不多，仅250～1 000 只 /L，这些数量在鱼苗下塘后 2～3 d 就会被鱼苗食完。故在生产上均采用先清塘，然后根据鱼苗下塘时间施有机肥，人为地制造轮虫高峰期。施有机肥后，轮虫高峰期的生物量比天然生产力高 4～10 倍，达 8 000～10 000 只 /L，鱼苗下塘后轮虫高峰期可维持 5～7 d。为做到鱼苗在轮虫高峰期下塘，关键是掌握施肥的时间。如用腐熟发酵的粪肥，可在鱼苗下塘前 5～7 d（依水温而定）每公顷全池泼洒粪肥 2 250～4 500 kg；如用绿肥堆肥或沤肥，可在鱼苗下塘前 10～14 d 按 3 000～6 000 kg/hm^2 投放。绿肥堆放在池塘四角，浸没于水中以使其腐烂，并经常翻动。

如施肥过晚，池水轮虫数量尚少，鱼苗下塘后因缺乏大量适口饵料，必然生长不好；如施肥过早，轮虫高峰期已过，大型枝角类大量出现，鱼苗非但不能摄食，反而出现枝角类与鱼苗争溶解氧、争空气、争饵料现象，鱼苗因缺乏适口饵料而大大影响其成活率，这种现象群众称为“虫盖鱼”。发生这种现象时，应全池泼洒 0.2～0.5 mg/L 晶体敌百虫，将枝角类杀灭。

为确保施有机肥后，轮虫大量繁殖，在生产中往往先泼洒

0.2 ~ 0.5 mg/L 晶体敌百虫杀灭大型浮游动物，然后再施有机肥。如鱼苗未能按期到达，应在鱼苗下塘前 2 ~ 3 d 再用 0.2 ~ 0.5 mg/L 晶体敌百虫全池泼洒 1 次，并适量增施一些有机肥。鱼苗下塘时还应注意以下事项。

（1）检查鱼苗是否能主动摄食。人工繁殖的鱼苗必须待鳔充气、能平游、能主动摄取外界食物时方可下塘。

（2）鱼苗下塘前后，每天用低倍显微镜观察池水轮虫的种类和数量。如发现水中有大量滤食性的臂尾轮虫等，说明此时正值轮虫高峰期；如发现水中有大量肉食性的晶囊轮虫，说明轮虫高峰期即将结束，需要全池泼洒腐熟的有机肥，一般每公顷泼洒 750 ~ 2 250 kg。

（3）检查池中是否残留敌害生物。清塘后到鱼苗前，鱼苗池中可能还有蛙卵、蝌蚪等敌害生物，必要时应采用鱼苗网拉网 1 ~ 2 次以清除。

四、做好鱼苗接运工作

选购体质健壮、已能摄食的鱼苗作为运输对象（长途运输时，鱼苗需要达到鳔充气阶段）。运输前，鱼苗应在渔网箱内囤养 4 ~ 6 h，以锻炼鱼体。

目前常用塑料鱼苗袋（70 cm × 40 cm），加水 8 ~ 9 L（约为袋内容量的 2/5），每袋装鱼苗 15 万尾，有效运输时间为 10 ~ 15 h。若每袋装鱼苗 10 万尾，有效运输时间为 24 h。运输用水应清新，水中有机物少，充氧密封后放入纸箱中运输。鱼苗在运输途中，应防止风吹、日晒、雨淋。如遇低温（气温 15℃以下），应采取保温措施。各运输环节必须环环相扣，密切配合，做到“人等鱼苗、车（船）等鱼苗、池等鱼苗”，并及时处理好塑料袋的漏水、漏气等问题。

五、暂养鱼苗，调节温差，饱食下塘

塑料袋充氧密闭运输的鱼苗，鱼体内往往含有较多的二氧化碳。特别是长途运输的鱼苗，血液中二氧化碳浓度很高，可使鱼苗处于麻醉甚至昏迷状态（肉眼观察，可见袋内鱼苗大多沉底打团）。如将这种鱼苗直接下塘，成活率极低。因此，凡是经运输来的鱼苗，必须先放在鱼苗箱中暂养。暂养前，先将鱼苗放入池内，当袋内外水温一致后（一般约需 15 min）再开袋放入池内的鱼苗箱中暂养。暂养时，应经常在箱外划动池水，以增加箱内水的溶解氧含量。一般经 0.5 ~ 1.0 h 暂养，鱼苗血液中过多的二氧化碳均已排出，鱼苗集群在网箱内逆水游泳。

鱼苗经暂养后，需要泼洒鸭蛋黄水。待鱼苗饱食后，肉眼可见鱼体内有一条白线时，方可下塘。鸭蛋需要在沸水中煮 1 h 以上，越老越好，以蛋白起泡者为佳。取蛋黄掰成数块，用双层纱布包裹后，在脸盆内漂洗（不能用手捏）出蛋黄水，淋洒于鱼苗箱内。一般 1 个鸭蛋黄可供 10 万尾鱼苗摄食。

鱼苗下塘时，面临着适应新环境和尽快获得适口饵料两大问题。在下塘前投喂鸭蛋黄，使鱼苗饱食后放养下塘，实际上是保证仔鱼的第一次摄食，其目的是加强鱼苗下塘后的觅食能力和提高鱼苗对不良环境的适应能力。据测定，饱食下塘的鱼苗与空腹下塘的鱼苗忍耐饥饿的能力差异很大（表 4–2）。同样是孵出 5 d 的鱼苗（5 日龄苗），空腹下塘的鱼苗至 13 日龄全部死亡，而饱食下塘鱼苗此时仅死亡 2.1%。

表 4–2 饱食下塘鱼苗与空腹下塘鱼苗耐饥饿能力测定（水温 23℃）

（李永函，1985）

鱼苗处理	仔鱼尾数	各日龄仔鱼的累计死亡率 /%									
		5	6	7	8	9	10	11	12	13	14
试验前投喂鸭蛋黄	143	0	0	0	0	0	0	0.7	0.7	2.1	4.2
试验前不投喂鸭蛋黄	165	0	0.6	1.8	3.6	3.6	6.7	11.5	46.7	100	–

必须强调的是，鱼苗下塘的安全水温不能低于13.5℃。如夜间水温较低，鱼苗到达目的地已是傍晚，应将鱼苗放在室内容器中暂养（每50 L水放鱼苗4万～5万尾），并使水温保持在20℃。投1次鸭蛋黄后，由专人值班，每1 h换一次新水（水温必须相同），或充气增氧，以防鱼苗浮头。待第二天上午9时以后，水温回升时，再投喂一次鸭蛋黄，并调节池塘水温温差后下塘。

六、合理密养

合理密养可充分利用池塘，节约饵料、肥料和人力，但密度太大也会影响鱼苗生长和成活。一般鱼苗养至夏花鱼种，按120万～225万尾/hm^{2}放养。具体的数量随培育池的条件、饵料、肥料的质量、鱼苗的种类和饲养技术等有所变动。如池塘条件好，饵料、肥料量多质好，饲养技术水平高，放养密度可偏大一些，否则就要小些。一般青鱼、草鱼苗密度偏小，鲢、鳙鱼苗可适当密一些，鲮鱼苗可以更密一些。此外，提早繁殖的鱼苗，为培育大规模鱼种，其放养密度也应适当稀一些。

七、精养细喂

精养细喂是提高鱼苗成活率的关键技术之一。由于选饲料、肥料不同，饲养方法不同。现介绍两种方法。

1. 有机肥与豆浆混合饲养法

根据鱼苗在不同发育阶段对饲料的不同要求，可将鱼苗的生长划分为四个阶段进行强化培育。

（1）轮虫阶段　此阶段为鱼苗下塘1～5 d。经5 d培养后，要求鱼苗全长从7～9 mm生长至10～11 mm。此期鱼苗主要以轮虫为食。为维持池内轮虫数量，鱼苗下塘当天就应该泼洒豆浆（通常水温20℃，黄豆需要浸泡8～10 h，以两片子叶中间微凹的出浆率最高）。一般每3 kg干黄豆磨浆50 kg。每天上午、中午、下午各泼洒一次，每次按225～257 kg/hm^{2}池泼豆浆（约需要1 kg干黄豆）。豆浆要泼得“细如雾，匀如雨”，全池泼洒，以延长豆浆颗粒在水中的悬浮时间。豆浆一部分供鱼苗摄食，一部分培养浮游动物。

（2）水蚤阶段　此阶段为鱼苗下塘后 6 ~ 10 d。生长 10 d 后，要求鱼苗全长从 10 ~ 11 mm 长至 16 ~ 18 mm。此期鱼苗主要以水蚤等枝角类为食。每天需要泼洒豆浆两次（8—9 时，13—14 时），每次豆浆数量可增加到 450 ~ 600 kg/hm^2。在此期间，选择晴天上午追施一次腐熟肥，按 1 500 ~ 2 250 kg/hm^2 全池泼洒，以培养大型浮游动物。

（3）精料阶段　此阶段为鱼苗下塘后的 11 ~ 15 d。生长 15 d 后，要求鱼苗全长从 16 ~ 18 mm 长至 26 ~ 28 mm。此期水中大型浮游动物已剩下不多，不能满足鱼苗生长需要，鱼苗的食性已发生明显转化，开始在池边浅水寻食。此时，应投喂豆饼糊或磨细的酒糟等精饲料，每天每公顷合干豆饼 22.5 ~ 30.0 kg。投喂时，应将精料堆放在离水面 20 ~ 30 cm 的浅滩处供鱼苗摄食。如果此阶段缺乏饵料，成群鱼苗会集中到池边寻食。时间一长，鱼苗则围绕池边成群狂游，驱赶也不散，呈跑马状，故称“跑马病”。因此，这一阶段必须投以数量充足的精饲料，以满足鱼苗生长需要，此外，如饲养鲢、鳙鱼苗，还应追施一次有机肥，施肥量和施肥方法同水蚤阶段。

（4）锻炼阶段　鱼苗下塘 16 ~ 20 d。生长 20 d 后，要求鱼苗全长从 26 ~ 28 mm 长至 31 ~ 34 mm。此期鱼苗已达到夏花鱼种规格，需要拉网锻炼，以适应高温季节出塘分养的需要。此时豆饼糊的数量需要进一步增加，每天每公顷的投喂量为干豆饼 37.5 ~ 45.0 kg。此外，池水也应加到最高水位。草鱼、团头鲂发塘池每天每万尾夏花鱼种投豆饼 10 ~ 15 kg。

用上述饲养方法，每养成 1 万尾夏花鱼种通常需要黄豆 3 ~ 6 kg，豆饼 2.5 ~ 3.0 kg。

2. 大草饲养法

广东、广西多采用此法饲养鱼苗。所谓大草，原是指一些野生无毒、茎叶柔嫩的菊科和豆科植物，而今也泛指绿肥。鱼苗下塘前 7 ~ 10 d，按 3 000 ~ 6 000 kg/hm^2 投放大草，分别堆放于池边浸没于水中，腐烂后培养浮游生物。鱼苗下塘后，每隔 5 d 左右投放大草作追肥，每次 150 ~ 200 kg。养夏花鱼种需要大草 9 750 ~ 12 000 kg/hm^2。如发现鱼苗生长缓慢，可增投精饲料（如花生饼加水磨细成糊状），按每天 22.5 ~ 30.0 kg/hm^2 干花生饼的量投喂，投喂方法同前法的精料阶段。用大草培育鱼苗的池塘，浮游生物较丰富，但水质不够稳定，容易造成水中溶解氧含量较低。因此，每次投喂大草的数量和间隔时间，要根据水质和天气情况灵活掌握。

八、分期注水

1. 分期注水的方法

鱼苗初下塘时，鱼体小，池塘水深应保持在 50 ~ 60 cm。以后每隔 3 ~ 5 d 注水 1 次，每次注水 10 ~ 20 cm。培育期间共注水 3 ~ 4 次，最后加至最高水位。注水时需要在注水口用密网拦阻，以防野杂鱼和其他敌害生物流入池内。同时应防止水流冲起池底淤泥，搅浑池水。

2. 分期注水的优点

（1）水温提高快，促进鱼苗生长　鱼苗下塘时保持浅水，水温提高快，可加速有机肥的分解，有利于天然饵料生物的繁殖和鱼苗的生长。

（2）节约饵料和肥料　水浅池水体积小，豆浆和其他肥料的投放量相应减少，这就节约了饵料和肥料的用量。

（3）掌握控制水质的主动权　可根据鱼苗的生长和池塘水质情况，适当添加一些新水，以提高水位和水的透明度，增加水中溶解氧含量，改善水质，增大鱼的活动空间，促进浮游生物的繁殖和鱼体生长。

九、加强日常管理

鱼苗池的日常管理工作必须建立严格的岗位责任制。日常管理要求每天巡塘3次，做到“三勤”。即早上查鱼苗是否浮头，勤捞蛙卵，消灭有害昆虫及其幼虫；午后查鱼苗活动情况，勤除杂草；傍晚查鱼苗池水质、水温、投饵施肥数量、进排水和鱼的活动情况等，勤做日常管理记录，安排好明天的投饵、施肥、加水等工作。此外，应经常检查有无鱼病，及时防治。

十、拉网锻炼要做到细致、轻快、不伤鱼

1. 拉网锻炼的目的和作用

鱼苗经16~18 d饲养，长到3 cm左右，体重增加了数十倍乃至100多倍，它就要求有更大的活动空间。同时鱼池的水质和营养条件已不能满足鱼种生长要求，因此，必须分塘稀养。但此时正值夏季，水温高，鱼种新陈代谢强，活动剧烈。而夏花鱼种体质又十分嫩弱，对缺氧等不良环境的适应能力差。为此，夏花鱼种在出塘分养前必须进行2~3次拉网锻炼。

拉网锻炼主要有以下作用：一是夏花鱼种经密集锻炼后，可促使鱼体组织中的水分含量下降，肌肉变得结实，体质较健壮，经得起分塘操作和运输途中的颠簸；二是使鱼种在密集过程中，增加鱼体对缺氧的适应能力；三是促使鱼体分泌大量黏液和排出肠道内的粪便，减少运输途中鱼体黏液和粪便的排出量，从而有利于保持较好的运输水质，提高成活率；四是拉网可以除去敌害生物，统计收获夏花鱼种的数量。

2. 拉网锻炼需要的工具

拉网锻炼的工具主要有夏花被条网、谷池、鱼筛等。这些工具的好坏直接关系鱼苗成活率和劳动生产率的高低，也体现了养鱼的技术水平。

（1）夏花被条网　用于夏花鱼种锻炼、出塘分养。被条网由

上纲、下纲和网衣三部分组成。网长为鱼池高度的1.5倍，网高为水深的2～3倍。网衣水平缩结系数为0.7（即1 m长的网衣缩缝在0.7 m的钢绳上）。网衣材料由12～16目/cm^2的蚕丝罗布或麻罗布组成，使用前要用栲皮染网片以防腐烂。该网片柔软，不易擦伤鱼体。近年来不少单位用乙纶胶丝布作为被条网网衣，其滤水性能好，不必栲染，不会腐烂，但网衣较硬，容易擦伤鱼体。故拉网起网速度要缓慢，避免鱼体贴网而受伤。

（2）谷池　为一长形网箱，用于夏花鱼种囤养锻炼、筛鱼清野和分养。网箱口呈长方形，箱高0.8 m，宽0.8 m，长5～9 m（通常每1 m称一斗，长5 m称五斗箱，长7 m称七斗箱）。谷池的网箱网片同夏花被条网，网箱四周有网绳，缩结系数为0.7。箱口四角及口边每隔1 m^2装耳绳1根，每根为长30 cm的维尼纶绳。用时将10余根小竹竿插在池两侧（网箱四角的竹竿略微粗大），就地装网即成。

（3）鱼筛　用于分开不同大小、不同规格的鱼种，或将野杂鱼与家鱼分开。目前市售的有两种：一种是半球形，另一种是正方体。在使用上前者优于后者。鱼筛用毛竹丝、藤皮加工而成。要求竹丝浑圆光滑，粗细均匀，编结牢固。每一套鱼筛共有30多个。常用的有筛眼间距2.5 mm，可筛出2.2 cm的鱼种；筛眼间距3.3 mm，可筛出3.2 cm的鱼种；筛眼间距为5.8 mm，可筛出5 cm的鱼种；筛眼间距为7.0 mm，可筛出6 cm的鱼种；筛眼间距为12.7 mm，可筛出9～10 cm的鱼种。

3. 拉网锻炼的方法

当鱼苗池的仔鱼处于锻炼阶段时，选择晴天，在上午9时左右拉网。第一次拉网锻炼，只需要将夏花鱼种围集在网中，检查鱼的体质后，随即放回池内。第一次拉网锻炼，鱼体十分嫩弱，操作须特别小心，拉网赶鱼速度宜慢不宜快，在收拢网片时，需要防止鱼种贴网。隔一天进行第二次拉网锻炼，在鱼种围集后（与此同时，在其边上装置好谷池），将皮条网上纲与谷池上口相并，压入水中，在谷池内轻轻划水，使鱼群逆水游入池内。鱼群进入谷池后，稍停，将鱼群逐渐赶集于谷池的一端，以便清除另一端网箱底部的粪便和污物，不让黏液和污物堵塞网孔。然后放入鱼筛，筛边紧贴谷池网片，筛口朝向鱼种，并在鱼筛外箱轻轻划水，使鱼种穿筛而过，将蝌蚪、野杂鱼等筛出。再清除余下一端的箱底污物并清洗网箱。

经过这样操作后，可保持谷池内水质清新，箱内外水流畅通，溶解氧含量较高。鱼种约经 2 h 密集后放回池内。第二次拉网应尽可能将池内鱼种捕尽。因此，拉网后，应再重复拉一次网，将剩余鱼种放入另一个较小的谷池内锻炼。第二次拉网后再隔一天，进行第三次拉网锻炼，操作同第二次拉网锻炼。如鱼种自养自用，第二次拉网锻炼后就可以分养。如需要长途运输，第三次拉网锻炼后，将鱼苗中放入水质清新的池塘网箱中，经一夜吊养后方可装运。吊养时，夜间要有人看管，防止发生缺氧死鱼事故。

夏花鱼种的出塘计数通常采用杯量法。量鱼杯选用 250 mL 的直筒杯，杯为锡、铝或塑料制成，杯底有若干个小孔，用以漏水。计数时，用夏花鱼种迅速装满量鱼杯，立即倒入空网箱内。任意抽取一量鱼杯的夏花鱼种数量，根据倒入鱼种的总杯数和每杯鱼种数推算出全部夏花鱼种的总数。

第二节　鱼种放养前的准备

一、稻田清整

在投放鱼种之前，需要对稻田进行清田整理，疏通鱼沟、鱼溜，清理鱼沟、鱼溜堵塞物，还必须认真检查田埂和进排水口及拦鱼设施等是否有坍塌、渗漏和破损，发现有可能逃鱼的地方，要及时修复。

二、稻田消毒

在投放鱼种之前，需要对稻田及鱼沟、鱼溜进行消毒，消灭病菌，清除野杂鱼和敌害生物。消毒药物可选用生石灰、漂白粉。

（1）生石灰消毒方法采用带水消毒，每公顷用 900 ~ 1 125 kg，将生石灰兑水溶化，不待冷却即向田中均匀泼洒。消毒 8 ~ 10 d 后，待药效全部消失即可投放鱼种。

（2）漂白粉消毒方法每公顷用 112.5 kg，带水均匀全田泼洒，消毒后 5 ~ 7 d，待药效全部消失即可投放鱼种。

三、稻田培肥

在投放鱼种之前，田水应有一定的肥度，必须在放养前施放基肥，基肥除了为稻谷生产创造营养外，还可为投放鱼种提供浮游生物、底栖动物等食物，让鱼种在稻田中可获得量多质优的适口天然饵料，以加快生长，提高成活率。稻田养鱼以有机肥为主，种类可以选用动物粪肥、绿肥、塘泥肥等。在施用前必须经过发酵，否则有机肥在稻田里发酵会产生沼气、硫化氢等有害气体毒害鱼类。施用腐熟肥，可在鱼种下田前 4 ~ 5 d 进行，每公顷用量 1 800 kg，加水稀释后全田泼洒。施用绿肥应在鱼种下田前 5 ~ 10 d 进行，每公顷堆放 3 000 kg，绿肥可堆放在田埂边的浅水处，让其自然腐烂分解，数天后将绿肥翻动，使肥分扩散到田中，待叶和嫩茎腐烂后，将根茎残余物等捞去。

第三节 鱼种放养

一、放养时间

由于各地自然条件的差异，稻作方式、养殖方式的不同，以及前养规格和种类不同，放养时间也有差异。但放养时间宜早不宜迟，应早放水、早整地、早插秧、早放苗种，这样可充分利用稻田水体和天然饵料，延长鱼类的生长期，尤其对培育夏花鱼种更为重要。具体要注意以下 6 点。

（1）培育鱼种时，在秧苗出土和早稻田插完秧，稻田养鱼基本设施完善后即可放鱼，这时田中水温适宜，天然饵料丰富，有利于鱼苗生长。

（2）当放养 6 cm 左右草食性鱼种时，需要待秧苗返青后放养，以免鱼吞食秧苗。

（3）当放养隔年草鱼鱼种时，必须在水稻圆秆及有效分蘖后放养。

（4）单季稻田养鱼种或稻鱼连作养殖成鱼时，一般在秧苗移栽返青后放养。

（5）稻鱼轮作养苗种时，应在稻谷收割后及时灌水放养。

（6）有稻鱼工程设施建设的，为延长鱼类生长期，需要在插秧前将鱼种放入鱼溜中饲养或暂养，待秧苗返青后加深水位，开通沟溜，放鱼入田饲养。

二、放养品种

稻田水浅，易受气温影响，盛夏时水温有时较高，稻田中杂草、昆虫和底栖动物较多。为了充分利用稻田中杂草和水生生物等天然饵料，宜选择适合稻田浅水环境，抗病抗逆性强，品质优，易捕捞，且适宜于当地养殖的品种，以放养杂食性和草食性鱼类为主，如鲤、鲫、草鱼、罗非鱼等。少量搭配鲢、鳙。饲养成鱼时，按鲤 60%～80%，草鱼、鲫、鲢、鳙 20%～40% 比例配养；或按草鱼 40%～50%，鲤、鲫 20%～30%，鲢、鳙 20%～30% 比例搭配。饲养鱼种时，最好采用单养方式，若要混养，由于稻田水体浅，生态条件不同于池塘，品种不宜搭配过多，以 3～5 个为宜。成鱼养殖阶段，因不同种类的鱼食性差异大，多个品种混养可充分利用饵料资源。

三、放养规格和密度

各地在稻田养殖过程中，由于稻田养鱼技术水平不同、选择放养鱼类的种类不同、规格不一，要求的鱼产量以及水稻栽培品种和方法、施肥的方式和数量等各有差异，因此鱼类放养量可变性较高。

稻田养鱼应以水稻为主，鱼种的投放量不能太大，放养密度要适当，使稻、鱼都能正常生长。具体放养规格和密度根据稻田条件、鱼种规格、管理水平而定。当前稻田养鱼普遍以放养大规格鱼种养殖成鱼为主。稻田养殖成鱼时，最好选择水较深的稻田。养成鱼的放养量可参考如下。

（1）一般稻田，可放 8 ~ 15 cm 规格的鱼种约 4 500 尾 /hm^2。

（2）田间工程建设后的稻田，可放 8 ~ 15 cm 规格的鱼种 7 500 ~ 12 000 尾 /hm^2。

四、放养注意事项

（1）选择体质健壮、无病无伤的鱼种进行放养，同一批鱼种规格要整齐。

（2）苗种放养前用 20 ~ 50 g/L NaCl 溶液浸泡鱼体 5 ~ 10 min。鱼种大，水温低，浸泡时间长，反之则短。

（3）苗种放养时首先考虑水温差的问题，即装运苗种器具的水温与稻田的水温是否一致，相差不能大于 3℃，尤其是长途运输的苗种更要注意，以免水温突变而引起苗种死亡。若温差过大，可在苗种入田前向运鱼器具中缓慢加入一些稻田清水，必要时反复加数次清水，使两者水温基本一致时，再把鱼缓慢倒入鱼溜或鱼沟中，让鱼自由地游到田中。若使用充氧塑料袋装运苗种，可先将其放在田水中浸泡 20 ~ 30 min，使袋内外水温接近，再拆袋放苗种。

（4）苗种放养宜选晴天 9 时以后投放。此时气温升高，稻田用的水温基本上下一致，这时放鱼苗，鱼苗容易适应环境。若大风天气放养，则应尽量选择避风处投放。

第五章

稻田养鱼田间管理

田间管理工作是稻田养鱼成败的关键，有收无收在于养，收多收少在于管。田间管理工作主要包括投饲管理、田水管理、用药管理和施肥管理等，要保持一定水位，防逃、防敌害等。

第一节　投 饲 管 理

稻田中天然饵料有限，为加速鱼类生长，应投喂一定的饲料，提倡以农副产品为主，适当减少投喂渔用配合饲料。

一、饲料选择

稻田种养尽管可以充分利用稻田各种养分和丰富的饵料资源培育鱼种，同时鱼类粪便又可肥田肥水，但这并不是说稻田养鱼可以不投喂就能使鱼类快速生长。相反，要想鱼稻双增，必须加强精细投喂。稻田养鱼可以投喂各种饲料，如小麦、玉米、饼粕等均是鱼类的优质饲料。如果养殖规模较大，必须投喂全价配合饲料。常见全价配合饲料配方包括鱼粉 30%、豆饼 20%、面粉 15%、玉米粉 15%、麸皮 15%、酵母 2.5%，外加矿物质 2%，维生素 0.5%，要求饲料中蛋白质的含量要达到 35% 以上。

二、日投饲量

一般配合饲料每天投饲量按鱼总体重的 2% ~ 5% 投喂，农家饲料或青饲料按草食性鱼类总体重的 10% ~ 40% 投喂。随着鱼体长大逐步增加投喂量。如果使用农家自配混合饲料，最好加工成颗粒投喂。

三、投饲方法

在投喂方法上遵循“四定”精细投喂原则，即定时、定量、定质、定点。常规情况下每天投喂两次，时间分别在8—9时和15—16时。一般鱼类在25℃水温以上时生长最快，此时应加大投喂量；在阴雨、闷热等恶劣天气时要减少或停止投喂。投喂时注意观察鱼的摄食情况，以此相应调整投喂量和投喂次数。精细投喂可促进鱼类快速健康生长，增重快，产量高，相应提高稻田养鱼综合效益。

第二节　田水管理

一、水位管理

根据稻、鱼对水的要求，注意田水情况，使田水保持一定水位。水稻生长初期，浅水能促使秧苗扎根、返青、发根和分蘖，水深以6～8 cm为宜；中期水稻孕穗期，需要大量水分，水可加深至15～18 cm；晚期水稻抽穗灌浆成熟，一般应保持水深12 cm左右。养鱼早期鱼小，田水不必过深，可以浅灌，后期鱼长大了，鱼游动强度加大，食量也增加，水需要较深。只有水位管理得当，才能有利于稻鱼生长，促进稻、鱼双丰收。

二、晒田

晒田可使水稻根系发达，植株粗壮，减少病虫害，控制无效分蘖，促进水稻增产，但一定要考虑鱼类的安全。晒田要做到以下4点。

（1）晒前要清理疏通鱼沟、鱼溜，严防鱼沟、鱼溜堵塞；

（2）晒田时鱼沟内水深要保持在30 cm；

（3）晒田时最好轻晒、短晒，不要晒至田面龟裂的程度；

（4）晒田后应及时恢复原来的水位。

第三节 用 药 管 理

水稻的病虫害种类很多，开展稻田养鱼的田块水稻病虫害明显减少，但因受到周边环境影响，也需要做好水稻病虫害防治工作。

一、施药原则

（1）稻田病虫害应按照“预防为主，综合防治”的方针，坚持“农业防治、物理防治、生物防治为主，化学防治为辅”原则。宜减少农药和渔药的施用量。稻田中不得施用《无公害食品 渔用药物使用准则》（NY 5071—2002）中所列禁用渔药化学组成的农药，农药使用应符合《农药合理使用准则（十）》（GB/T 8321.10—2018）和《农药安全使用规范总则》（NY/T 1276—2007）的规定。

（2）根据水稻病虫害发生情况，适时使用农药，掌握安全用药的方法，严格掌握用药剂量和次数。

（3）提倡生物和微生物综合防治水稻病虫害，保护稻田生态环境，保护害虫天敌，减少化学农药用量以及残留引起的污染。

二、施药方法和施药时间

（一）施药方法

（1）干水施药法 即施用农药前将田水排掉，让鱼集中在鱼沟、鱼溜中，然后施用农药，待药物毒性消失后，再将田水灌到应有深度。

（2）对半田施药法 即将田块分为两半，将鱼驱赶至其中的一半，先在无鱼的一半施药，待毒性消失后，再将鱼反驱赶至施过药的一半，再施另一半。

（3）深水施药法 即施药前把田水加深至10 cm以上，再施用农药。

对水稻的病虫害防治还要做到早发现、早施药，施药时喷雾器应斜对水面施药，不要正对水面施药。还应注意周围农田是否施用农药，防止药液流入危害鱼类。上述方法都要因地制宜，根据药物所需的条件进行恰当选择。

（二）施药时间

施药时间根据药物是粉剂、水剂而定。粉剂农药在9时前有露水时使用，便可大部分黏附在稻叶上。水剂农药一般在16时后施用，要尽量喷洒在水稻茎叶上，此时植株较干，容易黏附。高温季节在17时以后施药。

第四节　施肥管理

肥料是稻田中营养盐类的来源，是稻谷增产的物质基础，同时有利于饵料生物繁殖生长，因此，肥料的多少是稻谷和鱼双丰收的关键因素之一。

一、施肥原则

施用的肥料应符合《肥料合理使用准则通则》（NY/T 496—2010）的规定，禁止使用对水生动物有害的肥料，应坚持以施用有机肥（农家肥）为主，少施或不施化肥的原则。

二、施肥方法

一是施足基肥。养鱼稻田施肥原则是多用农家肥、粪肥（要经过发酵），化肥为辅。施肥时要全田泼洒，不宜施入鱼沟、鱼溜内。在放鱼前尽量一次性施足基肥，减少后期追肥对鱼类的影响。二是适当施用分蘖肥。

三、施肥注意事项

（1）施用化肥的方法要适当，先排浅田水，使鱼集中到鱼沟或鱼溜中，然后再施肥，让肥料沉于田底层，让稻根和田泥吸收以后再加水至正常深度，这样对养鱼无影响。若改用化肥作基肥，用有机肥作追肥，要做到量少次多，分片施撒。有的地区将化肥混合泥土做成颗粒状肥料，采取根部插施的方法，这样可做到肥效高、用量少、对鱼安全无害。

（2）施肥料时不能撒在鱼沟、鱼溜等鱼类较为集中的地方，以免鱼类误食。施用化肥时，应将养鱼田块分2次或3次进行分片撒施，即将大田先施肥一部分，再施肥另一部分，使留下的一部分田块内的鱼类有空间活动与摄食。施用粉状肥料时，为了不使肥料将水体弄得过肥而坏水，应选择在有露水的白天清晨进行施肥。用液态肥料时，选择下午太阳将稻禾晒得很干时，用喷雾器喷洒在禾苗上，喷成雾状，禾苗便可吸收肥料而起到上肥的作用。施用固体肥料时，将肥料直接施入稻禾边的泥中，慢慢释放，避免鱼类误食肥料而造成死亡，这也不会把田水弄得过肥，注意施肥应采取少量多次的办法，一次施肥不要过多，阴雨天气不施肥，闷热天气下鱼类浮头时也不能施肥。

四、加强巡田

坚持每天巡查，一是检查稻田基础设施，加强对进排水口的检查，即检查稻田水位是否合适，控制稻田水位的排水口是否堵塞等，进排水口的防逃网有无漏洞等。在突遇暴雨或山洪来袭时，要检查田埂，加强维修，填补漏洞，防止发生意外逃鱼事故，而造成不必要的损失。平时要经常疏通鱼沟，清理鱼沟内杂物，防止堵塞，以免影响鱼类活动和觅食。发现鱼沟或鱼溜内有杂物时要立刻捞出。二是检查鱼摄食情况，以此来确定投饲的多少，若投饲后很快吃光，说明投饲不足，要进行补充；一般投饲后鱼抢食1 h左右，发现有饵不抢，说明鱼已吃饱，不必再投喂，否则造成浪费又败坏水质。三是晒田或田间水量较少时要经常检查鱼沟和鱼溜，保证畅通无阻，防止水干鱼死。

五、鱼病防控

稻田养鱼是种植和养殖相结合的生态农业方式，只要用心管理，一般不会发病或发病较少。鱼病防治坚持“预防为主，生态防控”的原则，特别是根据国家相关要求，稻田养殖的水产动物严禁施用抗生素类和杀虫类渔用药物，因此稻田中养殖的鱼类原则上只能进行生态预防。因此，首先鱼种来源要正规，无病无伤，投入稻田之前用浓度为 20 ~ 50 g/L NaCl 进行浸浴消毒 5 ~ 10 min。在鱼病易发季节，加强预防，按 75 kg/hm^2 的量定期使用生石灰泼洒消毒。其次要控制合理的养殖密度，不可进行高密度养殖。平时科学适量投喂优质的配合饲料或健康安全的粗饲料，加强稻田水质管理，经常更换或增补洁净的田水。加强田间管理，尽量为养殖鱼类营造安全舒适的生长空间和环境，减少患病不利因素，并通过增强体质和抵抗力来避免鱼病发生。

六、防逃

平时要经常巡视检查田埂，特别是暴雨时要及时排水，以免水溢埂致鱼外逃，并要经常消除拦鱼设施上的附着物，以免阻塞，影响排水。同时，要防止田埂倒塌，如有发现及时修理。

七、防止敌害和防盗

养鱼稻田严禁放鸭，要及时诱捕水蛇（按 7.5 kg/hm^2 的用量使用亚胺硫磷，加水拌匀后喷施在田埂周围，田中及附近的蛇嗅到药味便会立即离开，之后也极少在此地活动）和毒杀田鼠。可采用搭建临时看护房的方式进行防盗。

第六章

稻田养鱼病虫害防治

第一节　水稻常见病虫害防治

一、水稻常见病害防治

（一）稻瘟病

稻瘟病又名稻热病，根据危害时期和部位不同，可分为苗瘟、叶瘟、穗颈瘟、枝梗瘟、粒瘟等。

主要防治方法：播种前通常用50%的多菌灵1 000倍液浸种2 d左右；发生苗瘟初期以稻瘟灵和三环唑混合施用进行防治；水稻分蘖期开始，会发现发病中心或叶上急性型病斑，在抽穗期主要进行穗颈瘟、枝梗瘟预防，破肚期和齐穗期是最适宜的防治时期，每公顷施用52.5%三环丙环唑900～1200 g、75%三环唑450～600 g、1 000亿/g有效活菌素的枯草芽孢杆菌可湿性粉剂180～225 g。

（二）水稻纹枯病

发病时叶鞘产生暗绿色水浸状边缘的模糊小斑，后渐扩大呈椭圆形或云纹形，发病严重时数个病斑融合形成大病斑，呈不规则状云纹斑，常致叶片发黄枯死；叶部发病快时病斑呈污绿色，叶片很快腐烂。茎秆受害常不能抽穗，高温条件下病斑上产生一层白色粉霉层。

主要防治方法：合理密植，合理灌水，浅水勤灌，适度晒田，降低田间湿度；打捞菌核，减少菌源；施用氮肥的同时增施磷钾肥；在封行至成熟前喷施30%菌核净800～1 000倍液混合赛生海藻酸碘喷施 3 ~ 4 次。

（三）水稻白叶枯病

发病初期在叶缘产生半透明黄色小斑，之后沿叶侧或叶脉发展成波纹状的黄绿色或灰绿色病斑，数日后病斑转为灰白色，并向内卷曲。空气潮湿时新鲜病斑叶缘上分泌出湿浊状水珠或蜜黄色菌腔，干涸后结成硬粒，容易脱落。

主要防治方法：于发病初期用叶枯唑 450 ~ 600 g/hm^2 兑水 450 kg/hm^2 喷雾；在大风、暴雨、洪涝等灾害后，水稻叶片受损时，应及时喷施叶枯唑，以防止病情暴发。

（四）水稻条纹叶枯病

在水稻生长初期，水稻心叶及心叶下的第一叶片出现褪绿的黄色斑纹线，后逐渐扩展至不规则的黄色长条纹，心叶扭卷或枯死，最后全株枯死；在水稻生长后期，剑叶及剑叶鞘褪绿成黄色或黄白色，病穗常紧包于叶鞘内不易抽出，成枯孕穗，水稻不能正常结实，对水稻产量影响很大。

主要防治方法：耕翻种植，降低灰飞虱越冬数量；清除路边、沟田边杂草；选用抗病品种；避免偏施氮肥，增施德孚尔滴灌冲施肥；第一次防治期为水稻分蘖末期封行时，第二次防治期为病丛率在 20% ~ 30% 时。每公顷施用 30% 苯甲 · 丙环唑 300 ~ 450 mL、24% 噻呋酰胺 240 ~ 300 g、10% 己唑醇 750 ~ 1 200 mL、12% 井冈霉素 900 ~ 1 200 g、24% 井冈霉素 600 g。

（五）水稻胡麻斑病

水稻胡麻斑病在中国各稻区均有发生，主要危害水稻。从秧苗期至收获期均可发病，稻株地上部分均可受害，以叶片为多。种子芽期受害，芽鞘变褐，芽未抽出，子叶枯死。苗期叶片、叶鞘发病多为椭圆病斑，如胡麻粒大小，暗褐色，有时病斑扩大连片成条形，病斑多时秧苗枯死。成株叶片染病初为褐色小点，渐扩大为椭圆斑，如芝麻粒大小，病斑中央褐色至灰白色，边缘褐色，周围有深浅不同的黄色晕圈，严重时连成不规则大斑。病叶由叶尖向内干枯，潮湿时，死苗上产生黑色霉状物。叶鞘上染病病斑初椭圆形，暗褐色，边缘淡褐色，水渍状，后变为中心灰褐色的不规则大斑。穗颈和枝梗发病受害部暗褐色，造成穗枯。谷粒染病早期，受害的谷粒灰黑色扩至全粒造成秕谷。后期受害病斑小，边缘不明显。病重谷粒质脆易碎。气候湿润时，病部长出黑色绒状霉层。

主要防治方法：①深耕灭茬，压低菌源。病稻草要及时处理销毁。②选在无病田留种或种子消毒。③增施腐熟堆肥做基肥，及时追肥，增加磷钾肥，特别是钾肥的施用可提高植株抗病力。酸性土注意排水，适当施用生石灰。要浅灌勤灌，避免长期水淹造成通气不良。④药剂防治用 20% 井冈霉素可湿性粉剂 1 000 倍液混合花果医生果能多元素喷施。

（六）水稻稻曲病

稻曲病又名伪黑穗病、绿黑穗病、谷花病及青粉病。该病只发生于穗部，危害部分谷粒。受害谷粒内形成菌丝块并逐渐膨大，内外颖裂开，露出淡黄色块状物，即孢子座，后包于内外颖两侧，呈黑绿色，初外包一层薄膜，后破裂，散生墨绿色粉末，即病菌的厚垣孢子，有的两侧生黑色扁平菌核，风吹雨打易脱落。河北省、长江流域及南方各省稻区时有发生。

主要防治方法：①选用抗病品种。②避免病田留种，深耕翻埋菌核。发病时摘除并销毁病粒。③用 2% 福尔马林或 5 g/L 硫酸铜溶液浸种 3 ~ 5 h。抽穗前用 5% 井冈霉素 100 g，兑水 50 kg 喷洒，以水稻抽穗前 7 ~ 10 d 为宜。或用 5% 井冈霉素水剂 400 ~ 500 mL，兑水 37.5 kg 喷雾。杀菌农药可减至 4 500 mL/hm^2，兑水喷雾。结合水稻纹枯病防治，在封行后至成熟前喷施井冈霉素 3 ~ 4 次。

（七）水稻恶苗病

水稻恶苗病又称徒长病，中国各稻区均有发生。该病从苗期至抽穗期均可发生，病谷粒播种后常不发芽或不能出土。苗期发病，病苗比健康苗细高，叶片叶鞘细长，叶色淡黄，根系发育不良，部分病苗在移栽前死亡。在枯死苗上有淡红色或白色霉状物，即病原菌的分生孢子。湿度大时，枯死病株表面长满淡褐色或白色粉霉状物，后期生黑色小点即病菌囊壳。病轻的提早抽穗，穗形小而不实。抽穗期谷粒也可受害，严重的变褐，不能结实，颖壳夹缝处生淡红色霉状物，病轻不表现症状。病菌在病稻草上越冬或种子本身带菌，成为初侵染源，病菌从伤口浸入幼苗茎基部，通过灌溉水和雨水传播。

主要防治方法：①建立无病留种田，选栽抗病品种，避免种植感病品种。②加强栽培管理，催芽不宜过长，拔秧要尽可能避免损根。做到“五不插”：不插隔夜秧，不插老龄秧，不插深泥秧，不插烈日秧，不插冷水浸的秧。③清除病残体，及时拔除病株并销毁，病稻草收获后作燃料或沤制堆肥。④种子处理。用1%石灰水澄清液浸种，15～20℃时浸种3 d，25℃时浸种2 d，水层要高出种子10～15 cm，避免阳光直射。或用2%福尔马林浸闷种3 h，气温高于20℃用闷种法，低于20℃用浸种法。或用40%拌种双可湿性粉剂100 g或50%多菌灵可湿性粉剂150～200 g，加少量水溶解后拌稻种50 kg或用50%甲基硫菌灵可湿性粉剂1 000倍液浸种2～3 d，每天翻种子2～3次。也可用80%强氯精300倍液浸种，早稻浸24 h，晚稻浸12 h，再用清水浸种，防效98%。

（八）水稻烂秧

水稻烂秧是秧田中发生的烂种、烂芽和死苗的总称。

1. 烂种

烂种指播种后不能萌发的种子或播种后腐烂不发芽。

2. 烂芽

烂芽指萌动发芽至转青期间芽、根死亡的现象。我国各稻区均有发生。分生理性烂芽和传染性烂芽。

（1）生理性烂芽　常见类型包括淤籽播种过深，芽鞘不能伸长而腐烂；露籽种子露于土表，根不能插入土中而萎蔫干枯；跷脚种根不入土而上跷干枯；倒芽只长芽不长根而浮于水面；钓鱼钩根、芽生长不良，黄褐色卷曲呈现鱼钩状；黑根根芽受到毒害，呈“鸡爪状”种根和次生根发黑腐烂。

（2）传染性烂芽 又分为绵腐型烂芽与立枯型烂芽

① 绵腐型烂芽 低温高湿条件下易发病，发病初在根、芽基部的颖壳破口外产生白色胶状物，渐长出棉毛状菌丝体，后变为土褐色或绿褐色，幼芽黄褐色枯死，俗称“水杨梅”。

② 立枯型烂芽 开始零星发生，后成簇、成片死亡，初在根芽基部有水浸状淡褐色斑，随后长出棉毛状白色菌丝，也有的长出白色或淡粉色霉状物，幼芽基部缢缩，易拔断，幼根变褐腐烂。

3. 死苗

死苗指第一叶展开后的幼苗死亡，多发生于2～3叶期。分青枯型和黄枯型两种。

（1）青枯型 叶尖不吐水，心叶萎蔫呈筒状，下叶随后萎蔫筒卷，幼苗污绿色，枯死，俗称“卷心死”，病根色暗，根毛稀少。

（2）黄枯型 死苗从下部叶开始，叶尖向叶基逐渐变黄，再由下向上部叶片扩展，最后茎基部软化变褐，幼苗黄褐色枯死，俗称“剥皮死”。

水稻生理性烂秧易在低温阴雨，或冷后暴晴时发生，造成水分供不应求呈现急性的青枯，或长期低温，根系吸收能力差，久之造成黄枯。传播途径和发病条件引起的水稻烂秧造成立枯菌和绵腐菌病原发生，该菌均属土壤真菌。能在土壤中长期营腐生生活。镰刀菌多以菌丝和厚垣孢子在多种寄主的残体上或土壤中越冬，条件适宜时产生分生孢子，借气流传播。丝核菌以菌丝和菌核在寄主病残体或土壤中越冬，靠菌丝在幼苗间蔓延传播。而腐霉菌普遍存在，以菌丝或卵孢子在土壤中越冬，条件适宜时产生游动孢子囊，游动孢子借水流传播。

水稻绵腐菌、腐霉菌寄主性弱，只在稻种有伤口，如种子破损、催芽热伤及冻害情况下，病原菌才能侵入种子或幼苗，后孢子随水流扩散传播，遇有寒潮可造成毁灭性损失。其病因首先是冻害或伤害，以后才演变成侵染性病害，其次才是绵腐菌、腐霉菌等真菌。在这里冻害和伤害是第一病因，在植物病态出现以前就持续存在，多数非侵染性病害，但最终会演变为侵染性病害，在病害流行因素中，外界因素往往是第一病因，病原菌是第二病因。但是真菌的危害也是明显的，低温烂秧与绵腐病的症状区别明显。生产上防治此类病害，应考虑两种病因，即将外界环境条件和病原菌同时考虑，才能收到明显的防效。烂种多由贮藏期受潮、浸种不透、换水不勤、催芽温度过高或长时间过低所致。烂芽多因秧田水深缺氧或暴热、高温烫芽等引发。青黄苗枯一般是由于在 3 叶期缺水造成的，如遇低温袭击，或冷后暴晴则加快秧苗死亡。

主要防治方法：防治水稻烂秧的关键技术是改进育秧技术，改善环境条件，增强小秧抗病力，必要时辅以药剂防治。①因地制宜采用旱育稀植、塑盘育秧、温室育秧等新技术。②精选成熟度好、纯度高、杂质少的种子。③浸种时间要把握好，浸到谷粒半透明、胚部膨大、隐约可见腹白和胚为宜，不能时间过长；催芽要做到高温（36 ~ 38℃）露白、适温（28 ~ 32℃）催根、淋水长芽和低温炼苗。④根据育秧方式、品种特性，确定播种时间和苗龄。⑤加强肥水管理，适时盖膜揭膜，调控秧池（苗床）温度，防冻保温；小水勤灌，薄肥多施，促使秧苗稳健生长，提高抗病力。药剂防治防治措施：可在播种前，用移栽灵混剂 10 500 ~ 18 000 mL/hm^2，兑水 15 000 kg 泼洒，通常秧田用原药 1 ~ 2 mL/m^2，兑水 3 kg，抛秧盘每盘 0.2 ~ 0.5 mL，兑水 0.5 kg，泼洒要均匀，可与底肥混用，床面平整后施药，然后播种盖土。在小秧 1 叶 1 心期，用 15% 立枯灵液剂 1 500 mL/hm^2，或广灭灵水剂 750 ~ 1 500 mL/hm^2，兑水 750 kg 喷雾。在发病初期，用 3.2% 育苗灵水剂 2 250 ~ 3 750 mL/hm^2，或 95% 噁霉灵 150 ~ 180 g/hm^2，兑水 750 kg 喷雾。在出现中心病株后，针对绵腐病及水生藻类引发的烂秧，可选用 25% 甲霜灵可湿性粉剂，用 1 125 g/hm^2，或用 65% 敌克松可湿性粉剂 975 g/hm^2，兑水 750 kg 喷雾。针对立枯菌与绵腐菌混合侵染引发的水稻烂秧可在播种前选用 40% 灭枯散（甲敌粉）可溶性粉剂 22 500 g/hm^2，播种前拌入床土。或在小秧 1 叶 1 心期，用广灭灵水剂 750 ~ 1 500 mL/hm^2，兑水 750 kg 喷雾。

（九）水稻矮缩病

水稻矮缩病又称水稻普通矮缩病、普矮、青矮等，主要分布在南方稻区。水稻在苗期至分蘖期感病后，植株矮缩，分蘖增多，叶片浓绿色，僵直，生长后期病稻不能抽穗结实。谷粒被侵染后，起初症状不明显，与正常谷粒无异，到发病中后期表现出症状，症状有 3 种类型：谷粒色泽暗绿色，外观似青秕粒，不开裂，手捏有松软感，浸泡清水中变黑色；谷粒色泽正常，外颖背线近护颖处开裂，现出红色或白色舌状物，颖壳黏附黑色粉末；谷粒色泽正常，颖间自然开裂，露出黑色粒状物，手压质轻，如遇阴雨湿度大天气，病粒破裂，散出黑色粉状的厚垣孢子。

主要防治方法：①选用抗（耐）病品种。②要成片种植，防止叶蝉在早稻、晚稻和不同熟性品种上传病。③加强管理，促进稻苗早发，提高抗病能力。④推广化学除草，消灭看麦娘等杂草，压低越冬虫源。⑤治虫防病。及时防治在稻田繁殖的第一代若虫，并要抓住黑尾叶蝉迁入双季晚稻秧田和禾田的高峰期，把虫源消灭在传病之前。

二、水稻常见虫害防治

（一）稻飞虱

稻飞虱为昆虫纲同翅目飞虱科害虫，以刺吸植株汁液危害水稻等作物，危害水稻的主要有褐飞虱、白背飞虱及灰飞虱。

1. 农业防治

（1）选育抗虫丰产水稻品种。

（2）加强栽培和管理措施，创造有利于水稻生长发育而不利于稻飞虱发生的环境条件。对水稻种植要合理布局，实行连片种植，防止稻飞虱来回迁移，辗转危害。

在水稻生育期，要实行科学肥水管理。施肥要做到控氮、增钾、补磷；灌水要浅水勤灌，适时烤田，使田间通风透光，降低田间湿度，防止水稻贪青徒长。灰飞虱可结合冬季积肥，清除杂草，消灭越冬虫源。

2. 生物防治

（1）保护利用自然天敌，调整用药时间，改进施药方法，减少施药次数，用药量要合理，以减少对天敌的伤害，达到保护天敌的目的。还可采用草把助迁蜘蛛等措施，对防治飞虱有较好效果。

（2）稻田养蛙或鸭，切忌在苗中期放鸭啄食，同时使用频振式杀虫灯诱杀害虫。

3. 药剂防治

应用药剂防治要采取"突出重点，压前控后"的防治策略。防治适期是 2 龄若虫盛发期。早稻飞虱在孕穗期至抽穗前虫量达到每百丛 1 000 头。中晚稻飞虱用药两次。第一次在分蘖期，当飞虱虫量达到每百丛 500 头时；第二次在孕穗末期。早稻飞虱或秧苗飞虱每公顷施用 25% 噻虫嗪 75 g 或 25% 吡蚜酮 600 g 或 50% 吡蚜酮 300 g。中晚稻第一次每公顷施用 25% 吡蚜酮 300 g 或 50% 吡蚜酮 150 g，第二次每公顷施用 25% 吡蚜酮 600 g 或 50% 吡蚜酮 300 g，虫量较大时混合 10% 烯啶虫胺 600 g。水稻生长后期，植株高大，要采用分行泼洒的办法，提高药效。施药时，田间保持浅水层，以提高防治效果。

（二）稻纵卷叶螟

稻纵卷叶螟属鳞翅目螟蛾科，是东南亚和东北亚危害水稻的一种迁飞性害虫。以幼虫纵卷稻叶结苞，啃食叶子，仅留一层白色表皮，危害严重时全叶枯白。分蘖期受害会影响水稻正常生长；中后期受害，产量损失明显；后期剑叶受害，会造成秕谷率增加，损失严重。

主要防治方法：合理施肥，加强田间管理促进水稻生长健壮，以减轻受害；人工释放赤眼蜂，在稻纵卷叶螟产卵始盛期至间峰期，分期分批放蜂，按每次放 45 万 ~ 60 万头 /hm^2，隔 3 天放一次，连续放蜂3次；在幼虫1龄盛期或百丛有新束叶苞15个以上时，按3 000 mL/hm^{2}施用5%阿维菌素（爱维丁）。

（三）二化螟

二化螟属鳞翅目螟蛾科，俗名钻心虫，是我国水稻上危害最为严重的常发性害虫之一，蛀食水稻茎部，危害分蘖期水稻，造成枯鞘和枯心苗；危害孕穗期、抽穗期水稻，造成枯孕穗和白穗；危害灌浆期、乳熟期水稻，造成半枯穗和虫伤株。危害株田间呈聚集分布，中心明显。国内各稻区均有分布，但主要以长江流域及南方稻区发生较重，近年来发生数量呈明显上升的态势。一般年份减产3%～5%，严重时减产在30%以上。

主要防治方法：采取防、避、治相结合的防治策略，以农业防治为基础，在掌握害虫发生期、发生量和危害程度的基础上合理施用化学农药。

（1）农业防治　主要采取消灭越冬虫源、灌水灭虫、避害等措施。①冬闲田在冬季或翌年早春3月底前翻耕灌水。早稻草要放在远离晚稻田的地方曝晒，以防转移危害；晚稻草则要在春暖后化蛹前做燃料处理，烧死幼虫和蛹。②4月下旬至5月上旬（化蛹高峰期至蛾始盛期），灌水淹没稻桩3～5 d，能淹死大部分老熟幼虫和蛹，减少发生基数。③尽量避免单季、双季稻混栽，可以有效切断虫源田和桥梁田之间的联系，降低虫口数量。不能避免时，单季稻田提早翻耕灌水，降低越冬代数量；双季早稻收割后及时翻耕灌水，防止幼虫转移危害。④单季稻区适度推迟播种期，可有效避开二化螟越冬代成虫产卵高峰期，降低危害程度。⑤水源比较充足的地区，可以根据水稻生长情况，在一代化蛹初期，先排干田水2～5 d或灌浅水，降低二化螟在稻株上的化蛹部位，然后灌水7～10 cm深，保持3～4 d，可使蛹窒息死亡；二代二化螟1～2龄期在叶鞘危害，也可灌深水淹没叶鞘2～3 d，能有效杀死害虫。

（2）药剂防治　为充分利用卵期天敌，应尽量避开卵孵盛期用药。一般在早稻、晚稻分蘖期或晚稻孕穗期、抽穗期卵孵高峰后

5～7 d，当枯鞘丛率达到 5%～8% 时，或早稻每公顷有中心危害株 1 500 株时，或丛害率达到 1.0%～1.5% 时，或晚稻危害团高于 100 个时，应及时用药防治。每公顷施用 20% 氯虫苯甲酰胺 150 mL 或 40% 氯克噻虫嗪 120 g。

（3）其他防治　①黑光灯（波长 365～400 nm）诱集二化螟成虫，可诱集到大量的二化螟雌蛾（由于雌蛾对黑光灯的趋性更强）。②增施硅酸肥料。硅酸含量不影响二化螟成虫产卵的选择性，但幼虫取食硅酸含量高的品种时死亡率高，发育不良。这是由于硅酸在水稻茎秆组织内主要分布于表皮石细胞组织。

（四）三化螟

三化螟属鳞翅目螟蛾科，广泛分布于我国大部分水稻种植区域，危害严重。它食性单一，专食水稻，以幼虫蛀茎。分蘖期形成枯心，孕穗期至抽穗期形成枯孕穗和白穗，转株危害还形成虫伤株，枯心及白穗是其危害后稻株主要症状。

主要防治方法：每公顷有卵块或枯心团超过 1 800 个的田块，可农药防治 1～2 次；900 个以下的可挑治枯心团，农药防治 1 次；应在三化螟孵化盛期用药，防治 2 次，在孵化始盛期开始，5～7 d 施药 1 次。在卵的盛孵期和破口吐穗期，采用“早破口早用药，晚破口迟用药”原则，在破口露穗达 5%～10% 时，施第 1 次药，若三化螟发生量大、孵化期长或寄主孕穗期、抽穗期长，应在第一次用药后隔 5 d 再施 1～2 次。破口期每公顷施用 30% 乙酰甲胺磷乳油 3 000 mL 兑水 200 倍，或 3/4 常规用量的乙酰甲胺磷与 1/2 常规用量的印楝素。

（五）稻蓟马

稻蓟马成虫、若虫锉吸叶片，吸取汁液，导致叶片呈微细黄白色斑，叶尖卷褶枯黄，受害严重的稻田苗不长，根不发，无分蘖，直至枯死。稻蓟马主要危害穗粒和花器，引起籽粒不实；危害心叶，常引起叶片扭曲，叶鞘不能伸展；还破坏颖壳，形成空粒。

主要防治方法：冬季结合积肥，铲除田边杂草，消灭越冬虫源；在叶尖受害初卷期，每公顷施用25%吡蚜酮300 g或50%吡蚜酮150 g或10%烯啶虫胺600 g；在秧苗移栽前，把受害秧苗上半部分放入40%乐果或90%敌百虫1 000倍液浸1 min，再堆闷1 h后插植。喷药前，在上述药液中加入2 250 g/hm^{2}尿素喷雾，使受害稻苗迅速恢复生长。需要特别注意的是稻蓟马繁殖周期短促，应重视田间测报，做到及时发现、及时防治。

（六）稻象甲

稻象甲属鞘翅目象虫科。稻象甲是外侵物种，有“水稻非典”之称，成虫和幼虫都能危害水稻。幼虫食害稻株幼嫩须根，致叶尖发黄，生长不良，严重时不能抽穗，或造成秕谷，甚至成片枯死。成虫以管状喙咬食秧苗茎叶，被害心叶抽出后，轻的呈现一横排小孔，重的秧叶折断，漂浮于水面。

主要防治方法：防治稻象甲以农业防治、物理防治、化学防治相结合。农业防治提倡浅耕与深耕轮换，以降低越冬虫源基数，铲除田边、沟边杂草，清除越冬成虫。对根际幼虫施用20%辛硫、三唑磷乳油按1 500 mL/hm^{2}兑水750 kg喷雾，或施用25%阿克泰水分散粒剂30 ~ 60 g/hm^2，兑水750 kg对稻苗喷雾。阿克泰水分散粒剂在防治稻象甲的同时，可防治潜叶蝇、稻飞虱、二化螟、稻纵卷叶螟、稻蝗等稻田常见害虫。

（七）中华稻蝗

中华稻蝗属直翅目蝗科。中华稻蝗分布在我国南北方各稻区，成虫、若虫食叶成缺刻，严重时吃光全叶，仅残留叶脉，也能咬坏穗颈和乳熟的谷粒。

主要防治方法：人工铲埂、翻埂杀灭蝗卵具有明显效果；保护青蛙、蟾蜍可有效抑制虫害发生；以2 ~ 3龄蝗虫为防治适期，选择5%氯虫苯甲酰胺和2.5%溴氰菊酯进行生物防治，将中华稻蝗消灭在扩散之前，以减少农药施用量，达到既节省防治成本，又能维护生态平衡的目的。

第二节 鱼类常见病虫害防治

一、鱼类常见病害防治

（一）烂鳃病

（1）病原体 鱼害黏球菌 G4 菌。

（2）症状 鱼体发黑，头部最重，游动缓慢，对外界刺激反应迟钝，呼吸困难，食欲减退，严重时离群独游不摄食，对外界刺激失去反应，鳃上黏液增多，鳃丝肿胀，鳃的某些部位因局部缺血而呈淡红色或灰白色，有的因局部淤血呈紫红色，甚至有小出血点。严重时鳃小片坏死脱落，鳃丝末端缺损，鳃软骨外露。在病变鳃丝周围常黏附着坏死脱落细胞、黏液和水中各种杂物，鳃盖内表皮往往充血发炎，中间部分常腐烂成一圆形或不规则形的透明小窗，俗称“开天窗”。

（3）防治 外用与内服相结合。

① 外用 泼洒二氧化氯、强氯精、溴氯海因、聚维铜碘等，用其中一种药物消毒水体。

② 内服 氟苯尼考粉、诺氟沙星、大蒜素、三黄粉、五黄粉等其中一种拌饲投喂。

（二）肠炎病

（1）病原体 肠型点状产气单胞菌。

（2）症状 病鱼离群独游，游动缓慢，鱼体发黑，食欲减退，以至完全不摄食。疾病早期，剖开肠管可见肠壁呈红色，肠壁弹性差，肠内没有食物，只有淡黄色黏液，肛门红肿，将病鱼的头部提起即有黄色黏液从肛门流出。

（3）防治 方法同烂鳃病。

（三）赤皮病

（1）病原体 荧光假单胞菌。

（2）症状 病鱼体表发炎、鳞片脱落，尤其是鱼体两侧及腹部最为明显。鳍的基部或整个鳍充血，末端腐烂，鳍条间的软组织也常被破坏使鳍条呈扫帚状，在体表病灶处常继发水霉感染。鱼的上下颚及鳃盖部分充血呈块状红斑。鳃盖中部表皮烂去一块，以至透明呈小圆窗状。

（3）防治 方法同烂鳃病。

（四）出血病

（1）症状 病鱼全身呈暗黑色，微红，口腔、下颌、鳃盖、眼眶四周以及各鳍的基部表现出明显的出血，全身肌肉出血明显，将皮肤剥除后，病情较轻的全身肌肉呈点状或斑状充血；病情较重的，全身肌肉因充血呈鲜红色，肠系膜及其脂肪有点状出血，出血的肠黏膜上皮一般不腐烂脱落，肠壁仍有弹性，无腐烂及水肿等病变。

（2）防治 方法同烂鳃病。

（五）细菌性败血病

（1）病原体 嗜水气单胞菌。

（2）症状 疾病早期及急性感染时，病鱼上下颌、口腔、鳃盖、眼、鳍条及鱼体两侧轻度充血，严重时鱼体表严重充血，眼眶周围也充血，眼球突出、肛门红肿、腹部膨大、腹腔内有淡黄色透明或红色浑浊腹水。病鱼严重贫血，肝、脾、肾肿大，脾呈紫黑色，病情严重的鱼，厌食或不摄食，静止不动或发生阵发性乱游、乱窜，有的在池边摩擦，最后衰竭而死。

（3）防治 方法同烂鳃病。

（六）白头白嘴病

（1）病原体 黏球菌。

（2）症状 病鱼自吻至眼球区皮肤变白，唇部肿胀，张闭不灵活，呼吸困难，口圈周围的皮肤溃烂，有絮状物黏附其上，在池边观察水面浮动的鱼，可见“白头白嘴”症状，有些病鱼尾鳍有白色镶边或尾尖蛀蚀。病鱼体瘦发黑，反应迟钝，有气无力地浮游在下风近岸水面，不久出现大批死亡。

（3）防治　方法同烂鳃病。

（七）竖鳞病

（1）病原体　点状极毛杆菌。

（2）症状　病鱼体表粗糙，部分鳞片向外张开像松球，故称“松球病”；鳞片基部水肿，呈半透明的小囊状，其内部聚集着半透明渗出液，致使鳞片竖立，故又称“竖鳞病”。用手指在鳞片上稍加压力，鳞下的水状液喷射出来，鳞片也随之脱落。有时还伴有鳍基充血，皮肤轻微充血，眼突出，腹部膨胀等症状。随病情发展，病鱼表现游动迟缓，呼吸困难，身体倒转，腹部朝上，连续 2 ~ 3 d 后死亡。

（3）防治　方法同烂鳃病。

（八）打印病

（1）病原体　极毛杆菌。

（2）症状　病鱼患病部位主要是背鳍、腹鳍基部以后的躯干部分。患病部分先是出现圆形、卵圆形的红斑，好似在鱼体表加盖的红色印章，故称打印病。随后表皮腐烂，中间部位鳞片脱落并露出白色真皮，病灶内周缘部位的鳞片埋入已腐烂的表皮内，外周缘鳞片疏松并出血发炎，形成鲜明的轮廓。在整个病程中长期出现皮肤腐烂，随着病情发展，病灶逐渐扩大其深度和直径，形成锅底形小坑；如病灶发生在腹部两侧，严重的肌肉腐烂，露出骨骼或内脏，病鱼随即死去。

（3）防治　方法同烂鳃病。

（九）水霉病

（1）症状　水霉菌最初寄生时肉眼看不出病鱼异常症状，当看到鱼体表面有灰白色棉毛状外菌丝时，菌丝已在鱼体伤口处牢固寄生。故俗称生毛病或白毛病。由于霉菌能分泌大量蛋白质分解酶，鱼体受刺激后分泌大量黏液，病鱼开始焦躁不安，与其他固体物发生摩擦，以后鱼体负担过重，游动迟缓，食欲减退，最后瘦弱而死。

（2）防治　避免鱼体受伤，发病时用碘制剂治疗。

二、鱼类常见虫害防治

（一）车轮虫病

（1）症状　寄生在鱼体表和鳃上的车轮虫来回游动，用齿环剥取鱼组织细胞做营养。大量寄生时，在虫体较密集的部位，如鳍、头部、体表等常出现一层白翳，在水中尤为明显。病鱼体表和鳃黏液增多，成群沿池边狂游，不摄食，呈“跑马病”现象。鱼体消瘦、体色发黑、呼吸困难，如不及时治疗，不久就会死亡。用显微镜观察体表或鳃，可见虫体。

（2）防治　0.5 mg/L 敌百虫、0.5 mg/L 硫酸铜和 0.2 mg/L 硫酸亚铁合剂、车轮速灭、车轮净等其中一种全池泼洒。

（二）指环虫病

（1）症状　虫体寄生在鳃上，轻度感染时症状不明显，对鱼危害不大，大量寄生每个鳃片达 50 个虫体以上，病鱼鳃丝黏液增多，全部或部分呈苍白色，呼吸困难，鳃部显著浮肿，鳃盖张开，病鱼游动缓慢，贫血不摄食，鱼体消瘦终致死亡。

（2）防治　0.5 mg/L 敌百虫、0.5 mg/L 硫酸铜和 0.2 mg/L 硫酸亚铁合剂、指环清、阿维菌素、辛硫酸等其中一种全池泼洒。

（三）三代虫病

（1）症状　虫体寄生于鱼体表和鳃上，当虫体大量寄生时，鱼体瘦弱，呼吸困难，食欲减退，体表和鳃黏液增多，呈现不安状态，治疗不及时，可造成大批死亡。

（2）防治　方法同指环虫病。

（四）锚头鳋病

（1）症状　锚头鳋寄生于病鱼口腔上颚、体表，肉眼可见虫体。病鱼体被锚头鳋钻入的部位四周组织常红肿发炎，同时可见寄生处的鳞被蛀成缺口，通常病鱼焦躁不安，食欲下降，继而体质逐渐消瘦而死亡，大量锚头鳋寄生时，鱼体就像披着蓑衣，又称蓑衣虫病。

（2）防治　菊酯类药物、0.5 mg/L 敌百虫、0.5 mg/L 硫酸铜和 0.2 mg/L 硫酸亚铁合剂、阿维菌素、辛硫酸等其中一种全池泼洒。

（五）中华鳋病

（1）症状　翻开鳃盖肉眼可见鳃丝末端挂着像白色蝇蛆一样的小虫，故称鳃蛆病，鳃丝末端肿胀发白。病鱼在水面不安地狂游、跳跃，不久死亡，特别是鲢，尾鳍常露出水面，所以又称翘尾巴病。

（2）防治　方法同锚头鳋病。

三、鱼病诊断方法

（一）现场调查

（1）调查发病环境和发病史

① 调查养鱼环境　通过调查水源情况、工厂情况、电力配套情况等，确定该环境是否适合水产养殖。

② 调查养鱼史　了解养殖年限，如新田发生传染病的概率小，但发生鱼弯体病的概率较大；了解最近几年发生过什么水产动物疾病，采取过哪些措施以及防治效果等，为疾病的临床诊断奠定基础。

（2）调查水质情况

① 水温　水温的高低直接影响鱼类的生存与生长。例如，鲤属于温水性鱼，适宜水温为 15～25℃，当水温达到 25℃以上时，一些病毒与细菌的毒力明显增强，而 20℃以下则较少发生，但也有一些疾病在温度较低时发生，如小瓜虫病在水温 15～20℃时发生流行，温度超过 25℃时，不易流行。另外，在鱼苗下田时，要求稻田内水温相差不超过 2℃，鱼种温差不超过 4℃，如果温差过大会引起大量死亡。

② 水色和透明度　养鱼水体的水色和透明度与水质的好坏、鱼病的发生有着密切的关系。

③ pH　鱼类能够安全生活的 pH 为 6.0～9.0。pH 高限为

9.5～10.0，低限为4.0～5.0。

④ 溶解氧含量 在成鱼阶段可允许溶解氧含量为3 mg/L，当溶解氧含量降到2 mg/L以下时就会发生轻度浮头，降到0.6～0.8 mg/L时严重浮头，而降到0.3～0.4 mg/L时就开始死亡。

⑤ 水的化学性质 如硫化氢、氨氮和亚硝酸盐含量等，这些都有可能是引起水生动物发病的重要原因。

（3）调查饲养管理情况 鱼发病常与饲养管理不善有关。需要对放养密度、鱼种来源（是否疫源地）、饲料质量、施肥情况、操作情况等进行了解。

（4）调查养殖动物的异常表现 调查养殖动物的死亡数量、死亡种类、死亡速度、发病鱼类的活动状况等。

（5）调查田间用药情况 调查包括防治水稻病虫害的农药及防治鱼病的渔药施用情况。

（二）肉眼检查

（1）体表的检查 对刚死不久或濒临死亡的病鱼体色、体型和头部、嘴、眼、鳃盖、鳍条等仔细观察，并记录。

（2）鳃的检查 肉眼对病鱼鳃部的检查，重点观察鳃丝、鳃弓颜色是否正常，黏液是否增多，鳃丝是否腐烂和有无异物附着等。

（3）内脏的检查

① 鱼类的解剖方法 用左手将鱼握住（如果是比较小的鱼，可在解剖盘上用镊子把鱼夹住进行解剂），使腹面向上，右手用剪刀的一支刀片从肛门插入，先从腹面中线偏向准备剪开的一边腹壁，向横侧剪开少许，然后沿腹部中线一直剪至口的后缘。剪的时候避免将腹腔里面的肠或其他器官剪破。沿腹线剪开后，再将剪刀移至肛门，朝向侧线，沿体腔的后边剪断，再与侧线平行地向前一直剪到鳃盖的后缘，剪断其下垂的肩带骨，然后再向下剪开腹腔膜，直到腹面的切口，将整块体壁剪下，体腔里的器官即可显露出来。

② 检查顺序 当把鱼解剖后，不要急于把内脏取出或弄乱，

首先要仔细观察显露出的器官，有无可疑的病象，同时注意肠壁、脂肪组织、肝、胆囊、脾、鳔等有无寄生虫。肉眼检查内脏，主要以肠道为主。首先观察是否有腹水和肉眼可见的大型寄生虫；其次仔细观察有无异常现象；最后用剪刀将靠咽喉部位的前肠和靠肛门部位的后肠剪断，把肝、胆、鳔等器官逐个分开。先观察肠外壁，再把肠道从前肠至后肠剪开，分成前、中、后三段。检查肠时，要注意观察内容物的有无等。

③ 镜检　用显微镜、解剖镜或放大镜检查鱼病组织、器官或病理性产物的过程，称为镜检。检查比较大的病原体，如蝎虫、软体动物幼虫、寄生甲壳动物等宜用放大镜或解剖镜；检查比较小的寄生虫，甚至细菌，则要用显微镜。通常镜检的方法有玻片压缩法和载玻片法两种。玻片压缩法将待检查的器官或组织的一部分，或特定体表刮下的黏液、肠道中取出的内含物等，放在载玻片上，滴加适量的清水或生理盐水，再用另一块载玻片轻轻压成透明的薄层，后放在低倍显微镜或解剖镜下观察。载玻片法用小剪刀或镊子取一小块组织或一小滴内含物放在干净的载玻片上，滴加一小滴清水或生理盐水，盖上干净的盖玻片，轻轻地压平后先用低倍镜观察，若发现有寄生虫或可疑现象，再用高倍镜观察。

四、鱼病防治常用药物

（一）抗菌药

抗菌药是指用来治疗细菌性传染病的一类药物，它对病原菌具有抑制或杀灭作用。抗菌药从来源上看，可以分为以下 3 种。①抗生素是微生物产生的天然物质，对其他细菌等微生物有抑制或杀灭作用，如青霉素、庆大霉素、四环素等；②半合成抗生素是以抗生素为基础，对其化学结构进行改造而获得的抗菌药，如氨苄西林、土阿米卡星、多西环素、利福平等；③完全由人工合成的抗菌药，如喹诺酮类、磺胺类药物等。

（1）多西环素　多西环素又名强力霉素，是由土霉素 6 位脱氧而制成的半合成四环素类抗生素，具有长效、高效、组织穿透力强、体内分布广等特点，其抗菌谱与四环素、土霉素相似，但抗菌活性较四环素、土霉素强，微生物对本品与四环素、土霉素等有密切的交叉耐药性。在大肠杆菌、巴氏杆菌、支原体感染等水产疾病上疗效显著，临床应用广泛。多西环素盐酸盐为黄色结晶性粉末，无臭、味苦，在水或甲醇中易溶。多西环素内服吸收良好，有效血药浓度维持时间较长。内服治疗的剂量为鱼体重 30 ~ 50 mg/（kg · d），分两次投喂，连用 3 ~ 5 d。本品有吸湿性，应遮光、密封保存于干燥处。同时多西环素存在释放不稳定、有局部刺激性、易产生耐药性等缺点，在拌饲用药及储存过程中会发生氧化、光解、水解及其他一些化学变化，稳定性差，并且因施药对象的特殊性，药效受水体环境理化因子的影响较大。

（2）氟苯尼考　氟苯尼考（氟甲砜霉素）为动物专用第 3 代氯霉素类广谱抗菌药物，白色或类白色结晶性粉末，无臭，微溶于水。与氯霉素和甲砜霉素相比，因其具有抗菌谱广、抗菌活性强和副作用小等特点，被广泛用于水产病害防治。氟苯尼考对大多数鱼类病原菌都具有较强的抗菌活性，包括嗜水气单胞菌、杀鲑气单胞菌、发光杆菌、爱德华菌、迟缓爱德华菌、鳗弧菌等，并且杀菌率高、耐药性低，具有用量少、疗程短的优势。内服治疗的剂量为鱼体重 10 ~ 20 mg/（kg · d），分两次投喂，连用 3 ~ 5 d。且每天选择最后一餐内服效果最佳；必要情况下，氟苯尼考与多西环素、新霉素配合使用，可以增强杀菌效率。但不可与青霉素、恩诺沙星、环丙沙星一起使用；氟苯尼考可以和保肝护肠类产品一起使用，也可以和部分中药一起使用，如大黄、黄连、黄芩、黄檗等，都可以协同增效，帮助治疗鱼病；为避免药物流失，在粉末状氟苯尼考拌药时，建议配合黏合剂一起使用，可减少药物流失，大幅提高药物利用率，提升发病稻田的治愈率。

（3）诺氟沙星　诺氟沙星为类白色至淡黄色结晶性粉末，无臭，味微苦，在水或乙醚中极微溶解。该药是第三代含氟喹诺酮类抗菌药物，对大多数革兰氏阴性菌和部分革兰氏阳性菌均有良好的杀菌效果，能迅速抑制细菌的生长、繁殖和杀灭细菌，且对细胞壁有很强的渗透作用，因而杀菌作用更加增强。不易产生耐药性，与同类药物之间不存在交叉耐药性。2010年农业部发布的1435号公告曾将诺氟沙星作为水产用药列入第一批《兽药试行标准转正标准目录》，包括诺氟沙星粉（norfloxacin powder，NP）、诺氟沙星盐酸小檗碱预混剂（norfloxacin and berberine hydrochloride premix，NB）、烟酸诺氟沙星可溶性粉（norfloxacin nicotinic soluble powder，NN）和乳酸诺氟沙星可溶性粉（norfloxacin lactate soluble powder，NL）等4种制剂。用于防治鱼类由气单胞菌、假单胞菌、弧菌、屈挠杆菌和爱德华菌等细菌引起的疾病。内服治疗的剂量为鱼体重20～50 mg/（kg·d），分两次投喂，连用3～5 d。用于治疗水产养殖动物由细菌感染引起的出血病、肠炎、赤皮病、烂鳃病、体表溃疡病、竖鳞病、白云病等。均匀拌饵投喂。避免与含阳离子（Al^{3+}、Mg^{2+}、Ca^{2+}、Fe^{2+}、Zn^{2+}）的药物或饲料添加剂同时服用。禁与甲砜霉素、氟苯尼考等有拮抗作用的药物配合使用。

（4）恩诺沙星　恩诺沙星为微黄色或类白色结晶性粉末，无臭，味微苦，易溶于碱性溶液，在水、甲醇中微溶。本品为合成的第三代喹诺酮类抗菌药物，又名乙基环丙沙星，为动物专用喹诺酮相关抗菌药物，具有广谱抗菌活性、很强的渗透性，能与细菌DNA回旋酶亚基A结合，从而抑制了酶的切割与连接功能，阻止了细菌DNA的复制，而呈现抗菌作用。对革兰氏阴性菌有杀灭作用，对革兰氏阳性菌有抗菌作用，与其他抗生素无交叉耐药性。对气单胞菌、屈挠杆菌、弧菌和爱德华菌等水生动物致病菌都具有较强的抑制作用。用于治疗水产养殖动物由细菌性感染引起的出血性败血症、烂鳃病、打印病、肠炎病、赤鳍病、爱德华菌病等疾病。内服治疗的剂量为鱼体重20～40 mg/（kg·d），分两次投喂，连用3～5 d。避免与含阳离子（Al^{3+}、Mg^{2+}、Ca^{2+}、Fe^{2+}、Zn^{2+}）的物质同时服用。避免与四环素、利福平、甲砜霉素和氟苯尼考等有拮抗作用的药物配合使用。

（5）氟甲喹　氟甲喹抗菌剂对革兰氏阴性菌有较强的抗菌活性。抑制细菌DNA回旋酶，而使细菌细胞不再分裂，它对细菌显示选择性毒性，抗菌作用为杀菌性。主要用于鱼、虾、蟹、鳖等由气单胞菌引起的多种细菌性疾病，如出血病、烂鳃病、肠炎等。拌饲投喂用量为每1 kg体重鱼用25 ~ 50 mg氟甲喹，一天一次，连用3 ~ 5 d。

（二）环境改良与消毒药

环境改良与消毒药是指能用于调节养殖水体水质、改善水产养殖环境、去除养殖水体中有害物质和杀灭水体中病原微生物的一类药物。

（1）漂白粉　漂白粉为白色颗粒状粉末，主要成分是次氯酸钙，能溶于水，溶液浑浊，有大量沉淀。稳定性较差，遇光、热、潮湿等分解加快。漂白粉是目前水产养殖使用较为广泛的消毒剂和水质改良剂，在水产养殖中主要用于清塘、水体消毒、鱼体消毒和工具消毒等。目前，漂白粉有两种，一种是普通的漂白粉，另一种是指高纯度的漂白粉精，漂白粉精分成钙法工艺生产和钠法工艺生产两种。漂白粉是氯酸钙、熟石灰和氯化钙的混合物，遇水生成次氯酸放出初生态氧，能氧化细菌的原浆蛋白，使其失去活性。氯与细菌蛋白质中的氨基结合成氯胺类化合物，使细菌失去活力。使用时，还要注意漂白粉的有效氯含量，普通漂白粉的有效氯含量应达到28%以上，低于25%不建议使用。漂白粉精的有效氯含量可达到60%以上。另外，漂白粉不稳定，会受到光照、湿度、温度的影响，长期贮存易失效。使用时会受水体pH影响，水体pH偏高达到8以上时，效果明显减弱。所以，对水体全池泼洒生石灰时不要用漂白粉。水体全池泼洒漂白粉治疗细菌性疾病，漂白粉不仅会杀死病原菌，还会杀死大量藻类，这是其副作用，需要引起养殖者注意，所以使用一定要慎重，要综合考虑利弊。一般在水生动物苗种刚放养完后，尽量不用漂白粉消毒，它会迅速改变水体的生态平衡，药物的刺激会影响鱼类的食欲，鱼类的抗病能力也会下降。如果水生动物患病毒性疾病，全池泼洒漂白粉会加速鱼类死亡。下大雨或暴雨后，也不宜使用漂白粉，宜用生石灰来调节 pH 和杀菌。大多数鱼池水体使用后会出现问题。因此水产养殖水体施用漂白粉一定要科学使用，不要随意乱用。主要用于清沟消毒，干田清沟漂白粉用量为 22 g/L；带水清沟按 20 g/L 全池泼洒。在疾病流行季节（4—10 月），按 1 ~ 2 g/L 全池泼洒预防细菌性疾病。

（2）二氧化氯　二氧化氯为广谱杀菌消毒剂、水质净化剂。二氧化氯具有极强的氧化作用，能使微生物蛋白质中的氨基酸氧化分解，达到灭菌的目的。其杀菌作用很强，在 pH 为 7 的水中，0.7 g/L 剂量 5 min 内能杀灭一般肠道细菌等致病菌。在 pH 为 6 ~ 10 时，其杀菌效果不受 pH 变化的影响；受有机物的影响甚微，对人、畜、鱼无害；在安全浓度范围内，对鱼刺激性较小，不影响鱼的正常摄食。在水产养殖上，二氧化氯主要用于杀灭细菌、芽孢、病毒、原虫和藻类。水体消毒时，一般使用剂量为 0.1 ~ 0.2 g/L 全池泼洒。鱼种消毒使用浓度为 0.2 g/L，浸洗 5 ~ 10 min。

（3）聚维酮碘　聚维酮碘为黄棕色至红棕色无定形粉末，在水或乙醇中溶解，溶液呈红棕色，酸性。该药含有效碘 9% ~ 12%，为广谱消毒剂，对大部分细菌、真菌和病毒等均有不同程度的杀灭作用，主要用于鱼卵、鱼体消毒和一些病毒病的防治。泼洒浓度为 0.1 ~ 0.3 g/L，浸浴浓度为 60 g/L，浸浴 15 ~ 20 min。

（4）戊二醛　市售戊二醛的含量为 25% ~ 50%，是无色或淡黄色的油状液体。该药为强消毒药，在碱性水溶液中（pH 为 7.5 ~ 8.5）杀菌作用较福尔马林强 2 ~ 10 倍，可杀灭细菌、芽孢杆菌、真菌和病毒，具有广谱、高效、速效和低毒等特点。浸泡浓度为 5 ~ 20 g/L，10 ~ 30 min，可较好地杀灭鱼体表的病毒、细菌等病原微生物。

（5）氧化钙　氧化钙又称生石灰，为白色或灰白色的硬块，无臭，易吸收水分，水溶液呈强碱性。在空气中能吸收二氧化碳，渐渐变成碳酸钙而失效。本品为良好的消毒剂和环境改良剂，还可清除敌害生物，对大多数繁殖型病原菌有较强的杀灭作用。能提高水体碱度，调节池水 pH；能与铜、锌、铁、磷等结合而减轻水体毒性。中和池内酸度，增加 CO_2 含量，提高水生植物对磷的利用率，促进池底厌氧菌群对有机质的矿化和腐殖质分解，使水中悬浮的胶体颗粒沉淀，透明度增加，水质变肥，有利于浮游生物繁殖，保持水体良好的生态环境；可改良底质，提高池底的通透性，增加钙肥。带水清沟一般用量为 75 ~ 400 g/L。在疾病流行季节，可根据具体情况泼洒 1 ~ 2 次，用量为 20 ~ 30 g/L。但使用时注意避免大面积泼洒到水稻根部。

（6）高锰酸钾　高锰酸钾作为渔药使用历史比较早，用于防治水生动物的鳃及体表细菌和真菌感染，杀灭鳃及体表寄生的原生动物（孢子虫、小瓜虫除外）、单殖吸虫和甲壳动物等，但对病毒性疾病没有效果。选用高锰酸钾作为消毒剂需要掌握好施用方法，要根据具体的水产养殖情况进行处理。高浓度的高锰酸钾易使鳃组织受损伤，影响水生生物的呼吸作用，所以使用时间不宜过长，且要大量换水，避免产生不良后果。鱼种和蟹种放养前可用高锰酸钾溶液浸浴消毒，消毒液浓度为 10 ~ 20 mg/L，消毒时间一般控制在 15 ~ 30 min，不宜过长。高锰酸钾全池泼洒的用量易受水体有机物的影响，扣除有机物影响，高锰酸钾剩余浓度达到 1.75 ~ 2.00 mg/L，可起到应有的作用。全池泼洒高锰酸钾后会引起水体颜色变清，建议应及时施有机肥（可用发酵鸡粪）或生物肥，有助于提高水体的肥度。另外，一些鱼类要慎用高锰酸钾，如鳜鱼等。

（7）腐殖酸钠　腐殖酸钠也称活性黑土，是以风化煤等为原料通过特殊加工工艺萃取获得的一种高分子有机化合物，无毒，无臭，无腐蚀，极易溶于水。腐殖酸钠的分子结构比较复杂，含有羟基、醌基、羧基等较多的活性基团，具有很大的内表面积，有较强的吸附、交换和络合能力，在水产养殖上常用于调节水质、改良底质、解毒等。一般用量为 15 ~ 30 kg/hm^2，使用时先用水在容器内溶解，搅拌均匀，然后全池均匀泼洒。

（8）过硫酸氢钾　近些年来，过硫酸氢钾在水产养殖中应用越来越广泛，主要用于改良池塘底质、调控水质、调控藻类种群等。过硫酸氢钾溶解在水中后产生新生态氧，它非常活泼，氧化能力非常强，能使细菌、病毒的蛋白质变性。目前市场上销售的过硫酸氢钾产品一般是由过硫酸氢钾、硫酸氢钾、硫酸钾组成的独特复合盐，也常被称为过硫酸氢钾复合盐，常见的产品呈粉状、片状、颗粒状等。过硫酸氢钾在水产养殖中应用最多的是底质改良，使用后可杀死或抑制底部病原菌、分解底质中的有机污染物和有毒物质，一般使用片剂较多，可使池塘底部淤泥由黑色变成白色或黄色。经常使用还能抑制青苔的生长。过硫酸氢钾使用方便，直接将片剂全池均匀抛撒于池塘底部，一般用量为 1 800 ~ 7 500 g/hm^2，具体用量还要看产品使用说明书，底质恶化可适当增加使用量。

五、杀虫药

（1）硫酸铜　别名蓝矾、胆矾，为蓝色透明结晶性颗粒，或结晶性粉末，可溶于水。对寄生于鱼体上的鞭毛虫、纤毛虫、斜管虫以及指环虫、三代虫等均有杀灭作用。杀虫机制是游离的铜离子能破坏虫体内的氧化还原酶系统（如巯基醇）的活性，阻碍虫体的代谢或与虫体的蛋白质结合成蛋白盐而起到杀灭作用。水温 15℃，8 mg/L 硫酸铜溶液浸浴 20 ~ 30 min，该药药效与水温成正比，并与水中有机物和悬浮物量、盐度、pH 成反比。该药安全浓度范围小，毒性较大，因此要准确计算用药量。如果池塘水源有限，无法进行大量换水，不建议使用硫酸铜。另外，在鱼类疾病高发期，经常使用硫酸铜杀藻，水质变瘦，容易造成患病鱼类加速发病死亡，所以使用硫酸铜必须慎重为好。另外，还有三种情况不能全池泼洒硫酸铜，一是鱼浮头不宜使用，二是中午高温时不宜使用，三是傍晚时不宜使用。

（2）敌百虫　本品为白色结晶，有芳香味，易溶于水及醇类、苯、甲苯、酮类和氯仿等有机溶剂。敌百虫是一种低毒、残留时间较短的杀虫药，不仅对消化道寄生虫有效，同时可用于防治体外寄生虫。其杀虫机制是通过抑制虫体胆碱酯酶活性，使胆碱酯酶减弱或失去水解破坏乙酰胆碱的能力，乙酰胆碱大量蓄积使昆虫、甲壳类、蠕虫等的神经功能失常，而呈现先兴奋、后麻痹死亡。该药主要用于防治体外寄生虫，如指环虫、三代虫、锚头鳋、中华鳋和鱼鲺等；同时也可内服驱杀肠内寄生的绦虫和棘头虫等，此外还可杀死对鱼苗、鱼卵有害的剑水蚤及水蜈蚣等。鱼沟泼洒 2.5% 敌百虫粉剂使水体浓度达到 1 ~ 4 mg/L 或 90% 晶体敌百虫和面碱合剂（1 : 0.6），使水体浓度达 0.1 ~ 0.2 mg/L；浸浴用 90% 晶体敌百虫 5 ~ 10 mg/L，浸泡 10 ~ 20 min。

（3）溴氰菊酯　本品为白色结晶粉末，难溶于水，易溶于丙酮、苯、二甲苯等有机溶剂，在酸性、中性溶液中稳定，遇碱迅速分解。溴氰菊酯是一种拟除虫菊酯类杀虫剂，其杀虫机制是药物改变神经突触膜对离子的通透性，选择性地作用于膜上的钠通道，延迟通道阀门的关闭，造成 Na^+ 持续内流，引起过度兴奋、痉挛，最后麻痹而死。主要用于预防和治疗中华鳋、锚头鳋、鱼鲺等甲壳类寄生虫疾病。将 2.5% 溴氰菊酯乳油充分稀释后，以 0.01 ~ 0.015 mL/L 浓度于鱼沟均匀泼洒。

第七章

水稻收割与水产品捕捞

第一节　水 稻 收 割

一、水稻收割前断水

水稻在灌浆结实期间合理用水，可养根保叶，保证灌浆顺利进行，提高籽粒重。水稻在生育后期若水分不足，会使叶片提早枯黄，并造成植株早衰，从而导致减产。水稻到蜡熟阶段尚有 30% 左右的物质需要合成并转入籽粒。故在水稻灌浆后期需要保证足够水分供应，通常土壤含水量达最大持水量 90% 即可。为达到水稻生育后期养根保叶的目的，可采用间歇灌水方法，先灌一次水，待落干后再灌。随着水稻成熟逐渐减少稻田积水时间，增加脱水时间。收割前最后一次断水需要根据具体情况灵活掌握。水稻成熟时若气温较高，水分蒸腾较快，地势较高，方便排灌，土质为砂性的田块，断水可适当晚些，通常在收割前 3 ~ 5 d 断水为宜；水稻成熟时若气温较低，土壤黏重，排水不便的田块，断水可适当早些，通常在收割前 10 ~ 15 d 断水为宜。

二、水稻收割时间

水稻成熟要经历乳熟期、蜡熟期、完熟期和枯熟期四个时期。乳熟期是水稻在开花后 3 ~ 5 d 开始灌浆，持续时间为 7 ~ 10 d，到乳熟期末期籽粒鲜重达到最大。蜡熟期经历 7 ~ 9 d，此时期内水稻籽粒内容物浓黏、无乳状物出现，干重接近最大，米粒背部绿色开始逐渐消失，谷壳有些变黄。完熟期稻谷谷壳变黄，米粒水分减少、干物重量达到定值，籽粒变硬，不容易破碎，此时期为水稻最佳收获期（收割期）。完熟期在水稻抽穗后 45 ~ 50 d，黄化点熟率 95% 以上。枯熟期水稻谷壳黄色逐渐变淡，枝梗变得干枯，顶端枝梗容易折断，米粒偶尔有横断痕迹。

华北稻作区为单季稻，一定要在清明前播种，4 月底至 5 月初移栽；东北稻作区是早熟单季稻，播种时间为 4 月前后。单季稻一般为一季中稻，中稻早熟品种一般在 8 月下旬收割，中迟熟品种一般在 9 月上中旬收割，若为直播品种则在 9 月中下旬收割。北方双季稻第一季稻生长期约 104 d，第二季稻生长期约 87 d，一般都是早熟品种，避开了冬天。北方种植双季稻必须培育特早熟品种，第一季稻 4 月中旬育苗，8 月初可成熟收割；第二季水稻一边收割一般插秧，地冻前即可收割水稻。南方长江中下游平原等稻作区，早稻 4 月中旬播种，5 月初插秧，7 月下旬收割。晚稻插秧必须在立秋前结束，10 月下旬至 11 月收割。

三、水稻收割方式

（一）人工收割方式

传统人工收割方式的特点是生产进度慢，劳动强度大，加之近年来人工成本不断升高，稻农及水稻生产企业较少采用人工收割方式。但传统人工收割水稻具有能够适时根据稻谷成熟度确定收割时间，经过晾晒、打捆、码垛、脱粒等工序做到充分利用风、光等自然条件阴干，保证稻谷充分后熟等优点。传统人工收割方式完全遵循自然规律，能最大限度地保证大米品质及口感，目前还是被很多生产原生有机稻、追求高品质稻米的生产者所采用。

（二）机械作业收割方式

机械作业收割的优点是速度快、节省人工成本，从而减少整体生产成本，通常是水稻规模化生产所采用的收割方式。机械化作业收割的缺点主要是不能保证稻谷水分含量。收割过早则水分含量偏大，在储存过程中容易发霉变质，还需要采取人工晾晒或烘干。由于人工晾晒或烘干导致稻谷中水分快速蒸发，影响稻谷充分后熟，并严重影响大米的品质和口感。收割过晚则因经过霜冻后稻株死亡，不能有效给稻谷输送养分，在秋季强烈阳光照射下，稻谷会产生大量经纹粒，加工大米时会产生大量碎米，不仅降低出米率，还会严重影响大米的品质和口感。

第二节 水产品捕捞

一、捕捞时间

通常水稻成熟后，鱼种养殖已达到要求的规格，成鱼养殖已达到上市规格，田中杂草也已被鱼类吃光，此时即可捕鱼。但为了避免集中捕捞上市带来滞销风险，应结合农村休闲旅游、电商平台，适时分次捕捞出售适宜规格的田鱼，错峰上市，以取得较好的经济收益。

二、捕捞方式

先收稻、后捕鱼，还是先捕鱼、再收稻，取决于稻田养鱼的生产类型。

（1）冬水田、塘田、宽沟田、“回”字形沟田的稻田养鱼　收稻之后还要继续养鱼，则先收稻，留下部分稻秆肥水养鱼。

（2）一般稻田养鱼　需要先捕鱼，待稻田泥底适当干硬后利用人工或收割机收稻。捕鱼时，田中的鱼群随排水进到沟、溜，才便于捕捞，否则有部分鱼或少量鱼在田中搁浅造成损失。因此，捕鱼时应检查田中、沟中是否还有留鱼，如有，可进行人工捕捞。也可以先排水集鱼割稻，再捕鱼，或同时进行，这样捕鱼较彻底。

三、捕捞方法

（1）捕鱼前为了有效、快捷、安全捕鱼，需要准备一定的工具和设备。如小拉网或抄网、水桶、网箱、面盆等。这些小渔具和简单设备可以自行制作或购买。

（2）捕鱼前，要先梳理鱼沟、鱼溜，使沟、溜通畅，然后缓慢排水，也可采取夜间排水，天亮捕捞，让鱼排水时顺利集于沟、溜中。再用小拉网、抄网在排水口和鱼坑里集中收鱼，再运到较大小网箱中暂养。如果鱼多，一次性难以捕完，可再次进水集鱼排水捕捞。

（3）鱼进入网箱后，洗净余泥，清除杂物，分类、分规格，对于不符合食用的鱼种，转入可以越冬的养鱼稻田中或其他养殖水体中。

（4）在捕鱼过程中，要注意保护鱼体，及时放入网箱，鱼种要尽量减少受伤和死亡，成鱼要保持活鱼上市。

第八章

稻田养鱼实例

江西省吉安市吉州区开展了稻田养殖彭泽鲫试验。试验实行早稻晚鱼、稻鱼轮作方式，5 月下旬在早稻田中放养彭泽鲫，7 月中旬早稻收割后放足田水，水深保持 0.8 m 以上，进行池塘化精养彭泽鲫。

一、稻田条件

稻田面积为 0.27 hm^2，水源充足，排灌方便，水质无污染，土壤保水保肥力强，不受旱涝影响。

二、田间工程建设

春季犁田前在稻田中央开挖一长方形鱼溜，深 1 m，面积 200 m^2，内壁用片石修砌，并在口边缘修建高 0.2 m、宽 0.3 m 的小埂，防止淤泥进入鱼溜。鱼沟挖成“十”字形，沟宽为 0.4 m、深 0.4 m，与进排水口连通。田埂加高至 0.8 m，顶宽 0.5 m，并层层夯实加固。进排水口设在相对两角的田埂上，安置好铁栅网、拦鱼栅防逃。

三、水稻品种选择

选用优质杂交早稻品种，抗倒伏、耐肥、抗病力强，产量高。采用秧盘育苗，抛秧法栽种。

四、鱼种放养

鱼种放养前 7 ~ 10 d 用 150 kg 生石灰化浆对稻田泼洒消毒，杀灭有害病菌。5月中下旬购进优质彭泽鲫5 200尾，规格40～50 g/尾，放养量19 500尾/hm^2。鱼种入水前用30～50 g/L NaCl溶液浸洗5～10 min。

五、施肥

坚持以有机肥为主，无机肥为辅；重施基肥，巧施追肥的施肥原则。翻犁整田前施腐熟的粪肥15 000 kg/hm^2作为基肥。施追肥根据水稻长势、水质的肥瘦、天气状况和鱼的活动等情况，酌情使用。用有机肥追肥时，一定要腐熟，用量为4 500～7 500 kg/hm^2；用无机肥追肥时，注意安全，水深保持10 cm以上，施到水稻根部，既保肥又不伤鱼，氮、磷、钾肥总量450～600 kg/hm^2。

六、饲料投喂

鱼种放养后选用颗粒配合饲料投喂在鱼沟中。投喂前驯食一周，饲料投喂严格遵守“定位、定时、定量、定质”的原则。早稻收割前每天投喂两次，9—10时、16—17时。早稻收割后至9月每天投喂3次，8—9时、12—13时、17—18时。10—11月每天投喂两次，9—10时、15—17时。12月停食起捕。投喂量为鱼体重的5%左右，投喂时绝大部分鱼吃完游走，即鱼吃到八成饱停止投喂。

七、鱼病防治

试验中坚持以防为主、科学用药的鱼病防治原则。养殖期间每隔半个月交替使用生石灰30 g/L、强氯精0.3 g/L、敌百虫0.5 g/L等药物进行田间消毒，在饲料中添加三黄粉、大蒜素、维生素C等药物内服防治鱼病。

八、日常管理

坚持早晚巡田，检查田埂是否渗漏、塌陷，拦鱼设施是否完好，鱼沟是否畅通，注意保持稻田水位，观察鱼的摄食和活动情况是否正常，发现异常或疾病及时采取措施。合理安全施肥，把握好水质调节。使用高效低毒、低残留的农药，如杀虫双、速灭威、三环唑、多菌灵、井冈霉素等防治病虫害。施药前，将田内水位加深至 7 ~ 10 cm，粉剂在早晨有露水时喷施，水剂在下午喷施，尽量使药物附着在叶面上，减少药物入水。处理好种稻与养鱼两者的关系，使之互不影响，协调进行。

九、收获

12 月中旬清理疏通鱼沟，缓缓放水将鱼引至鱼沟中，用抄网捞起。收获早稻 1 953 kg，彭泽鲫 2 069 kg。此次试验稻鱼总产值 28 145 元，其中早稻 3 320 元、彭泽鲫 24 825 元，扣除总成本 16 854 元（鱼种费、稻种及育秧费、饲料费、农药肥料和鱼药费等），共获利 11 291 元。

第九章

稻田养鱼营销推广

从整个稻田养鱼产业经营发展来看，在重点支持农业生产的同时，不仅限于生产环节，还要包括产前、产中、产后各个环节，尤其是农产品的产后环节中的深加工、贮藏、运输、销售等领域。因为稻田养鱼经营的效益来源于产前、产中、产后的全部生产过程，所以每一个环节的经营决策都直接影响着效益的高低。因此，经营中的每个环节都必须全程化、多方考虑、切合实际做出正确决策，做到决策合理、经营多样全面，综合利用多种科学技术手段，降低成本、增加收益、提高质量。稻田养鱼的经营创新，需要突破稻田养鱼单一的种植业加养殖业模式，立足资源优势，在原有的稻渔共生模式上，建设农家乐、培训示范基地等，将稻田综合生态种养模式与乡村旅游、休闲农业有效结合，加强完善农产品深加工体系，呈现出以乡村旅游为主要载体，多种综合经营并肩的特色农业旅游项目，展现田鱼干、酸鱼、稻米、谷酒、米酒等生产制作工艺以及销售稻渔生态种养模式下的农业特色产品。把农事活动体验和休闲农业有效融合，开展稻田抓鱼、稻田竞走、收割稻谷等趣味活动，并利用产品生产现场举办文化节等，开发新的商品，提高经济增长点，让游客在体验中获得知识，在休闲旅游中得到欢乐，充分发挥生态农业的优势。大力把以稻田养鱼等综合生态种养模式发展成为休闲农业、乡村旅游的一大亮点和吸金点，发展旅游观光渔业，形成稻田种养发展的新模式，从而提高稻田养鱼经营的综合效益，尤其是提高其经济效益。

一、田鱼的商品开发全程化

田鱼的商品开发全程化注重在稻田养鱼经营的各项生产过程中，使田鱼在收获商品鱼之前和收获商品鱼之后都能够充分发挥其价值。

（1）在收获商品鱼之前增加赏鱼、垂钓、抓鱼、尝鱼等活动。以鱼为中心，开展具有当地特色的禾鱼习俗、禾鱼文化、禾鱼饮食礼仪，充分发挥游客对禾鱼的求知欲望，以赏鱼、垂钓、抓鱼、尝鱼等活动吸引游客，集农事活动、旅游休闲于一体，打造乡村旅游品牌，大力提高稻田养鱼模式的动力。

（2）在收获商品鱼之后对商品鱼进行深加工。随着互联网的不断发展，各产业不断融合，农业企业也在与旅游业、物流业、信息业等行业不断融合，为农业发展整合了各种有效的信息资源，拓宽了农产品的销售渠道，也丰富了农产品市场的多样性。对于稻田养鱼经营商品，稻田养鱼模式下生产出来的禾鱼是无公害绿色农产品，对禾鱼进行深加工，在收获商品鱼之后，可以做成酸鱼、干鱼等特色农产品，积极打造出稻田养鱼特色农产品品牌，发挥品牌效益的积极作用。

二、水稻产品利用全程化

水稻产品利用全程化要求在水稻生长的各个周期，通过人工管理，让水稻在收获前后都能得到充分的利用。

（1）水稻收获前在田间设置禾画供观赏。对适宜的稻田设计出具有特色的种植景观，通过多变的大地构图，把常见的稻田作物作为绘图材料，普通绿色水稻为背景，紫稻、白稻分别充当黑白色，再配以其他需要的彩色植物，绘出具有当地鲜明特色的禾画。禾画的图案可以是当地传统的民间人物、知名景点、宣传标语等，形成具有四季交替特色的稻田景观。

（2）水稻收割后加工成米再加工成米酒、谷酒等。稻田养鱼模式下生产出来的绿色稻米酿制的米酒、谷酒，更纯净透明、更香醇。

（3）水稻收获后利用稻草制作成雕塑。以稻草为元素，堆砌制作成当地传统的民间人物、民间风俗场景、时代卡通人物等各种各样的稻草艺术品，吸引游客。

三、商品培育全程化

商品培育全程化可以促进稻鱼在整个生长周期中更好地生长和发挥其效益，并且也是收获成鱼和稻谷产量的更好保证。

（1）在秧田培育成大苗再植入稻田。在秧田培育出来的大苗，具有叶片厚富有弹性、绿色面积大光合作用好、根系发达抗性较好、分蘖率和成穗率高等特点，能发挥最大的优势，更有利于稻谷丰产。

（2）养成成鱼后催肥再上市。秋末冬初，刚好是鱼类长肉增肥的重要时令，此时投饲的重点应放在养殖鱼类的催肥上。因此，对精饲料、青饲料投喂应做适当调整，在投喂青饲料的同时，适当投喂麸皮、米糠、菜饼、谷芽等精饲料，也可将红薯煮熟后拌米糠、麦麸后投喂。投喂量为鱼体重的5%。投喂精饲料时须搭好食台，对大部分鱼品种而言，食台以固定在水面下0.5～1 m处为宜。这是提高成鱼产量，获得鱼类丰收的重要环节之一。

四、产品营销全程化

产品营销是整个稻田养鱼经营最关键的一环，营销模式的优劣直接关乎稻田养鱼经营效益的高低，做好产品营销全程化至关重要。

（1）利用产品生产现场举办文化节。结合当地实际情况，以当地特色为依托，利用稻田养鱼生产现场举办特色鲜明的文化节。文化节要体现稻田养鱼、乡村旅游的特色，充分发挥生物多样性，突破传统模式，流程要创新具有亮点，服务上要让游客宾至如归。一是参与活动的人群要广泛，文化节邀请当地政府、旅游公司、企事业单位、社会各界团体及当地百姓参与，极力做好宣传推广工作。二是结合当地特色选定文化节的主题，突出稻田养鱼的环保和生态循环理念，发挥“全球重要农业文化遗产”的优势，还可以选定文化节的吉祥物，如养殖红田鱼的地方可以选定红田鱼为吉祥物。红田鱼肉质细嫩、味道鲜美、鳞片柔软可食、营养十分丰富，又因其颜色为红色，故寓意红红火火、吉祥欢乐、繁荣幸福。三是在文化节的活动上，可以以稻鱼共生为模型进行舞蹈或小品等形式的节目表演，开展稻田养鱼生产知识文化讲解、稻田赛跑和稻田抓鱼比赛、丰收大比拼、自助式的美食餐饮活动、多人游戏等项目，让每个参与文化节的人都能感知到文化传播的正能量，以及其中的乐趣和魅力。

（2）产品上市后利用新媒体推介。在“互联网＋”的时代背景下，数字化新媒体盛行，人们对农产品的质量和品牌等要求也越来越高，农产品的营销方式正在向多元化发展，不局限于传统的媒体形态，更多的是以顾客需求为中心，坚持“以人为本”的理念，注重个性化和差异化宣传推广。因此，一是根据消费人群的年龄差异，制定不同的推介目标，从而采取多种推介营销方式，如对中小学生而言，要重视农业基本知识的传授、民俗文化传统美德的弘扬、创新思维方式和独立能力的培养等；对中青年而言，要增强娱乐、休闲、交友等；对老年人而言，要注重陪伴、养生等。二是建立品牌意识，发展品牌推广模式，逐渐将品牌做大做强，从而更好地提高消费者对产品的认知度，帮助农业企业扩大市场份额和产品销售，为企业带来长远的利益，品牌效益还能为企业吸引更多的人才，拉动经济增长、促进就业等。三是采用移动电子商务推广技术，定期更新稻田养鱼的生产动态，对产品进行宣传推广，最大限度实现咨询与交易的及时性，让客户能够随时获得相关的产品及服务，打破交易的地域性限制，如建立公众号、直播平台等进行线上销售。

附　录

稻鲫综合种养生产技术规范

一、范围

本规范规定了稻鲫综合种养生产过程中，稻田的选择标准；稻田的改造标准；苗种放养、养殖及病害防治标准；水稻栽培、稻田管理及病虫害防治等稻鲫综合种养技术操作规范。

本规范适用于江西省稻鲫综合种养生产基地的应用。

二、规范性引用文件

下列文件对于本文件的应用是必不可少的。凡是注日期的引用文件，仅所注日期的版本适用于本文件。凡是不注日期的引用文件，其最新版本（包括所有的修改版本）适用于本文件。

GB 11607 渔业水质标准

GB 5084 农田灌溉水质标准

GB/T 18407.4 农产品安全质量　无公害水产品产地环境要求

NY 5051 无公害食品　淡水养殖用水水质

NY 5361 无公害食品　淡水养殖产地环境条件

GB 15618—2018 土壤环境质量　农用地土壤污染风险管控标准

NY/T 5293 无公害食品　鲫鱼养殖技术规范

NY 5071 无公害食品　渔用药物使用准则

NY/T 5117 无公害食品　水稻生产技术规程

NY/T 847—2004 水稻产地环境技术条件

GB/T 17891—2017 优质稻谷

SC/T 1009 稻田养鱼技术规范

NY/T 1979—2018 肥料和土壤调理剂标签及标明值判定要求

GB/T 8321 农药合理使用准则

SC/T 1132—2016 鱼药使用规范

三、术语和定义

下列术语和定义适用于本标准。

（一）稻鲫综合种养（rice and crucian carp farming system）

在种植水稻的田块中同时养殖鲫鱼的一种综合种养模式。

（二）鱼溜（pond）

在稻田里开挖的集鱼坑（池）。

（三）鱼沟（trench）

在稻田中开挖鱼溜的沟道。

四、稻田选择

（一）自然环境

选择集中连片土地平整的田块，要求稻田生态环境良好，远离污染源；底质自然结构，保水性能好，排灌可控，符合 GB/T 18407.4、NY 5361、GB 15618—2018 的规定。

（二）水质

水源充足，水质应符合 GB 11607、GB 5084 和 NY 5051 的要求。

五、稻田工程

（一）开挖鱼沟和鱼溜

稻田栽秧泡田前开挖鱼沟和鱼溜。根据田块大小开挖成“一”“十”“日”“田”字等形状的沟，鱼沟一般宽 40 ~ 50 cm，深 50 ~ 60 cm，顺进排水方向开挖，要和鱼溜相通。鱼溜开挖位置可在紧靠进水口的田角处，鱼溜开挖标准：宽 1 ~ 2 m，深 1 m，呈正方形，坑壁用砖块等材料垒砌加固，建成固化鱼溜，根据田块大小挖一个或多个，小于 667 m^2 田块不建设鱼溜。鱼溜应该远离交通道路，以免鱼类受惊。鱼沟和鱼溜面积占稻田总面积比例小于 10%，尽可能降低田间工程对水稻播种面积的影响。

（二）修筑田埂

开挖出的泥土用于加高、加宽、加固田埂，用挖掘机夯实、加固，田埂高出稻田平面 40 ~ 50 cm，宽 60 ~ 80 cm。田埂厚实，除能蓄水养鱼外，还坚固耐用，便于种养机械化行走。

（三）进排水设施

进排水口分别位于稻田两端，进水口建在稻田一端的田埂上，宽度为 0.4 ~ 0.6 m，用 20 目的长型网袋过滤进水，防止敌害生物随水流进入。排水口建在稻田另一端环沟的低处。根据田块大小设溢洪缺口 1 ~ 3 个，口宽 100 cm 左右，方便下暴雨时及时将多余田水排除。鱼坑的排水口设置在下部，便于收获捕鱼。

（四）防逃设施

在进排水口处设拦鱼栅，两边宽度及上部高度均多出进排水 25 ~ 35 cm，拦鱼栅对于来水流方向呈圆弧形凸出，拦鱼栅下端嵌入田埂下部硬泥层 0.3 m，保证拦鱼栅安装牢固。

六、苗种放养

（一）苗种质量

来源于正规苗种生产场并经检验检疫合格的鱼苗，规格整齐、以 20 ~ 40 尾 /kg 为宜，苗种质量应符合 NY/T 5293 要求。

（二）放养时间

苗种一般在秧苗移栽 10 d 左右秧苗返青时放养。

（三）放养密度

放养密度为 225 kg ~ 300 kg/hm^2。

（四）放养方法

鱼苗放养前用 30 g/L NaCl 溶液浸泡 5 ~ 10 min，投放点选择靠近稻田出水口的鱼沟或鱼溜中，让鱼苗自行逆流游散到稻田中。

七、养殖管理

（一）水体管理

稻田准备完成插秧前，放水泡田后要对水体及田块进行消毒，杀灭病原体、野杂鱼及蚂蟥、水蜈蚣等敌害生物。方法是用生石灰化水全面泼洒，每公顷用量 1 500 ~ 2 250 kg。在水稻生长期间，稻田水位应保持在 5 ~ 10 cm；收割稻穗后，田水保持水质清新，水位在 50 cm 以上，定期疏通鱼沟、鱼溜。

（二）投饲管理

以稻田中的杂草、昆虫、浮游生物、底栖生物等天然饵料为主，春秋季水温较低、鱼生长缓慢时，可辅助投喂配合颗粒饲料，主要以料糠、麸皮、豆饼为主，也可以投喂经过发酵的禽类粪肥。一般投喂两次，早上宜在 9—10 时，下午宜在 15 时之后。投喂方法应遵循“四定”投喂原则，即定时、定点、定量、定质投喂。

（三）日常管理

每天早晚及投喂饲料时注意观察进排水口是否通畅、破损。稻田水位是否正常，田埂是否崩塌，鱼沟、鱼溜是否垮塌，鲫鱼生长是否正常，吃食是否正常，水质是否正常，饵料生物情况，敌害生物情况等，发现问题要及时处理。

（四）病害防治

坚持“以防为主，防重于治”的原则，坚持以“生态防治为主，药物防治为辅”的预防方法，实行彻底消毒、放养优质苗种、定期使用微生态制剂等预防措施。药物使用应符合 NY 5071 要求，常见病害及防治方法见附录 A。

八、水稻品种选择

选用抗病虫、抗倒伏、生育期在 140 ~ 150 d 的中晚熟品种，与稻渔综合种养生态价值相对应，水稻品种要求稻米外观品质和食味品质优良，达到 GB/T 17891—2017《优质稻谷》标准 3 级以上，增加农产品经济价值。

九、水稻管理

（一）水稻栽培

1. 稻田整理

稻田整理采用围埂法，即在靠近鱼沟、鱼溜的田面围上一周高 30 cm，宽 20 cm 的土埂，将鱼沟、鱼溜和田面分隔开。整田时间尽可能短，避免鱼沟、鱼溜中鱼因长时间密度过大而造成不必要的损失。

2. 施足基肥

插秧前 10 ~ 15 d，施用农家肥 3 000 ~ 4 500 kg/hm^2，钙镁磷肥 450 kg/hm^2，肥料要符合 NY/T 1979—2018 的规定，均匀撒在田面并用机器翻耕耙匀。在中低肥力地块，水稻长势较弱时，可在拔节后追施尿素 75 kg/hm^2，施用时保持田面湿润无水层。

3. 秧苗移植

播种期安排在 4 月下旬至 5 月初，移栽期安排在 5 月下旬，秧苗在 6 月中下旬开始移植，采取浅水栽插，条栽与边行密植相结合的方法。无论是采用抛秧法还是常规栽秧，都要充分发挥宽行稀植和边坡优势技术，秧苗以宽窄行移栽为宜，宽行行距 40 cm，窄行行距 20 cm，株距 20 cm，丛插 1 ~ 2 棵苗，基本苗为 16.5 万 $/hm^2$。

（二）稻田管理

1. 水位控制

3 月稻田水位控制在 30 cm 左右；4 月中旬以后，稻田水位应逐渐提高至 50 ~ 60 cm；5 月插秧后，前期做到薄水返青、浅水分蘖、够苗晒田；晒田复水后湿润管理，孕穗期保持一定水层；抽穗以后采用干湿交替管理，遇高温灌深水调温；收获前一周断水。越冬前的 10—11 月，稻田水位控制在 30 cm 左右，使稻蔸露出水面 10 cm 左右；越冬期间水位控制在 40 ~ 50 cm。

2. 晒田

晒田总体要求是轻晒或短期晒，即晒田时，使田块中间不陷脚，田边表土不裂缝和发白。田晒好后，应及时恢复原水位，尽可能不要晒得太久，避免鱼沟、鱼溜中鱼密度因长时间过大而产生不利影响。

3. 病虫害防治

利用和保护好害虫天敌，重点防治好稻蓟马、螟虫、稻飞虱、稻纵卷叶螟等害虫，重点防治好纹枯病、稻瘟病、稻曲病等病害。

十、捕捞

（一）捕捞时间

稻谷将熟或晒田割谷前，当鱼长至商品规格时，就可以放水捕鱼；冬闲田和低洼田养的大规格鱼可养至翌年插秧前捕鱼。

（二）捕捞方法

捕鱼前应疏通鱼沟、鱼溜，缓慢放水，使鱼集中在鱼沟、鱼溜内，在出水口设置网具，将鱼顺沟赶至出水口一端，让鱼落网捕起，迅速转入清水网箱中暂养。

附录 A　常见病害及防治方法

病名	症状	防治方法
细菌性肠炎	病鱼腹部出现红斑，肛门红肿。轻压腹部有血黄色黏液流出。开腹检查，可见肠道发炎充血，严重时肠道发紫。病鱼不想摄食，行动迟缓，很快就会死亡	1. 生石灰彻底地清沟、清溜； 2. 发病季节每 10 ~ 15 d 用漂白粉 250 g 进行食物消毒； 3. 根据鱼体重投喂磺胺脒，第一天投喂量为 10 mg/kg，第 2 ~ 6 天药量减少到一半； 4. 拌饲投喂 50 g/kg 大蒜，连喂 3 ~ 6 d

续表

病名	症状	防治方法
疖疮病	病鱼肌肉组织出现像人的溃伤一样的脓疮，其疮内充满脓汁和细菌，脓疮周围的皮肤和肌肉发炎、充血、鱼鳍基部也充血，鳍条裂开，严重的肠道也充血	1. 鱼种放养前，先用漂白粉 5 ~ 10 g/L 浸泡约 30 min； 2. 在放养之前，一切养殖操作一定要小心，勿使鱼皮肤受伤，冬季水温很低，一定要防止鱼类受冻伤； 3. 1.5 ~ 3.0 g/L 五倍子，煎水全池泼洒； 4. 因病菌还会侵入血液，在采用上述方法治疗同时，还要采用磺胺噻唑进行内服治疗，第一天喂 10 mg/kg，第 2 ~ 6 天药量减少到一半
细菌性烂鳃	病鱼鳃丝腐烂，常附着污泥和黏液，严重的鳃盖骨内表皮常常腐蚀一块，从外向里看去如同一个透明小窗，称为天窗。病鱼常离群独游，行动缓慢，体色发黑，头部特别黑。一般 4—10 月是流行期，夏天最为严重	1. 用 14 ~ 20 g/L 生石灰彻底地清沟、清溜； 2. 发病季节用 1 g/L 漂白粉全池泼洒，间隔 24 h 再泼洒一次； 3. 用 2 g/L 五倍子煎汁泼洒效果更明显
孢子虫病	病鱼体表鳞片摸起来有疙瘩，鳃丝上有白色点状物质，掀开鳃盖，脑部可见红而白的脓状物，有的鲫鱼眼球表面有红血丝	1. 用生石灰彻底地清沟、清溜，每公顷用量 2 250 kg，杀灭冬眠孢子； 2. 苗种须来源于有苗种生产许可证的苗种场，防止带入传染源，苗种放养前用强碘浸泡消毒； 3. 采用内服外用的方法，内服新孢子杀，配合孢虫散 7 ~ 10 d，外用消毒剂，协同作用

参考文献

[1] 蔡仁逵 . 稻田养鱼 [M]. 北京：中国农业出版社，1983.

[2] 蔡欣 . 鱼凼式稻田养殖彭泽鲫增效益 [J]. 科学养鱼，2010（3）：20.

[3] 曹涤环 . 抓关键技术夺再生稻高产 [J]. 科学种养，2014（9）：13.

[4] 陈浩，王俊，李良玉，等 . 四川崇州“稻田养鱼”换新颜 [J]. 中国水产，2015（9）：18.

[5] 陈健超，廖愚 . 稻田鲤鱼生态种养技术要点 [J]. 南方农业，2018，32（12）：1–2.

[6] 杜军，刘亚，周剑 . 稻鱼综合种养技术模式与案例（平原型）[M]. 北京：中国农业出版社，2018.

[7] 冯涛 . 水稻育秧技术与病虫害防治 [J]. 生物技术世界，2013（2）：44.

[8] 高勇 . 水产养殖节能减排实用技术 [M]. 北京：中国农业出版社，2015.

[9] 工欣，吴绍洪，戴尔阜，等 . 气候变化对我国水稻主产区水资源的影响 [J]. 自然资源学报，2011，26（6）：1052–1064.

[10] 谷婕，吴涛，黄璜，等 . 我国稻田养鱼经营的发展进程与展望 [J]. 作物研究，2017，31（6）：597–601.

[11] 关洁远，李小洁，郭炳权，等 . 广西桂南稻作区双季超级稻标准化栽培技术规程 [J]. 中国种业，2014（10）：70–72.

[12] 胡亮亮 . 农业生物种间互惠的生态系统功能 [D]. 杭州：浙江大学，2014.

[13] 黄恒章 . 山垅稻田稻鱼生态综合种养技术示范试验 [J]. 科学养鱼，2014（10）：18–19.

[14] 黄璜，王晓青，杜军 . 稻田生态种养技术汇编 [M]. 长沙：湖南科学技术出版社，2017.

[15] 解振兴，林丹，张数标，等 . 丘陵山区稻鱼综合种养技术规程 [J]. 福建

稻麦科技，2020（3）：14-16.
[16] 李荣福，寇祥明，王守红，等 . 新中国稻田渔业发展的经验启示［J］. 渔业信息与战略，2020，35（2）：115-123.
[17] 刘其根，罗衡 . 稻渔综合种养的概念、理论体系及主要模式（上、下）［J］. 科学养鱼，2017，30（10）：18-19.
[18] 隆伟军，丁德明 . 养殖新品种——瓯江彩鲤［J］. 湖南农业，2018（5）：16-17.
[19] 楼允东 . 万安与玻璃红鲤［J］. 科学养鱼，2010（5）：71.
[20] 孟顺龙，胡庚东，李丹丹，等 . 稻渔综合种养技术研究进展［J］. 中国农学通报，2018，34（2）：146-152.
[21] 沈雪达，苟伟明 . 我国稻田养殖发展与前景探讨［J］. 中国渔业经济，2013，31（2）：151-156.
[22] 孙亚洲，陈诚 . 稻田养殖的基本条件与田间工程建设［J］. 科学种养，2016（10）：42-43.
[23] 孙业红，闵庆文，成升魁 ."稻鱼共生系统"全球重要农业文化遗产价值研究［J］. 中国生态农业学报，2008，16（4）：991-994.
[24] 田树魁 . 稻田生态养鱼新技术［M］. 昆明：云南科技出版社 .2010.
[25] 田树魁 . 稻鱼综合种养技术模式与案例（山区型）［M］. 北京：中国农业出版社，2018.
[26] 王慧芳 . 湖州市"水稻水产"种养耦合技术的发展分析［D］. 杭州：浙江大学，2014.
[27] 吴宗文，吴小平 . 稻田养鱼和小网箱养鱼［M］. 北京：科学技术文献出版社，1999.
[28] 肖放 . 新形势下稻渔综合种养模式的探索与实践［J］. 中国水产，2017（3）：4-8.
[29] 谢坚 . 稻田生物多样性控制稻飞虱和稗草的效应［D］. 长沙：湖南农业大学，2008.
[30] 徐国刚，李宏，李松，等 . 发展稻渔综合种养，探索山区产业扶贫新路径［J］. 中国水产，2019（7）：29-31.

［31］叶重光，叶朝阳，周忠英．无公害稻田养鱼综合技术图说［M］．北京：中国农业出版社，2007.

［32］阙宽洪，郁桐炳．浙江青田“稻鱼共生”系统发展的新模式——从传统田鱼生产到现代渔业文化产业［J］．中国渔业经济，2009，21（1）：25–28.

［33］张坚勇．因地制宜大力推进稻鱼综合种养［J］．江苏农村经济，2016（4）：4–5.

［34］张显良．大力发展稻渔综合种养助推渔业转方式调结构［J］．中国水产，2017（5）：3–5.

［35］中国水产杂志社．稻渔综合种养技术汇编［M］．北京：中国农业出版社，2017.

［36］周江伟，刘贵斌，黄璜．传统农业文化遗产稻田养鱼进步与创新体系研究［J］．湖南农业科学，2017（9）：105–109.

［37］朱泽闻，李可心，王浩．我国稻渔综合种养的内涵、发展现状及政策建议［J］．中国水产，2016（10）：32–35.

郑重声明

高等教育出版社依法对本书享有专有出版权。任何未经许可的复制、销售行为均违反《中华人民共和国著作权法》，其行为人将承担相应的民事责任和行政责任；构成犯罪的，将被依法追究刑事责任。为了维护市场秩序，保护读者的合法权益，避免读者误用盗版书造成不良后果，我社将配合行政执法部门和司法机关对违法犯罪的单位和个人进行严厉打击。社会各界人士如发现上述侵权行为，希望及时举报，我社将奖励举报有功人员。

反盗版举报电话 （010）58581999　58582371

反盗版举报邮箱 dd@hep.com.cn

通信地址 北京市西城区德外大街4号　高等教育出版社法律事务部

邮政编码 100120

读者意见反馈

为收集对教材的意见建议，进一步完善教材编写并做好服务工作，读者可将对本教材的意见建议通过如下渠道反馈至我社。

咨询电话 400-810-0598

反馈邮箱 gjdzfwb@pub.hep.cn

通信地址 北京市朝阳区惠新东街4号富盛大厦1座　高等教育出版社总编辑办公室

邮政编码 100029

防伪查询说明

用户购书后刮开封底防伪涂层，使用手机微信等软件扫描二维码，会跳转至防伪查询网页，获得所购图书详细信息。

防伪客服电话 （010）58582300

兴国红鲤

荷包红鲤

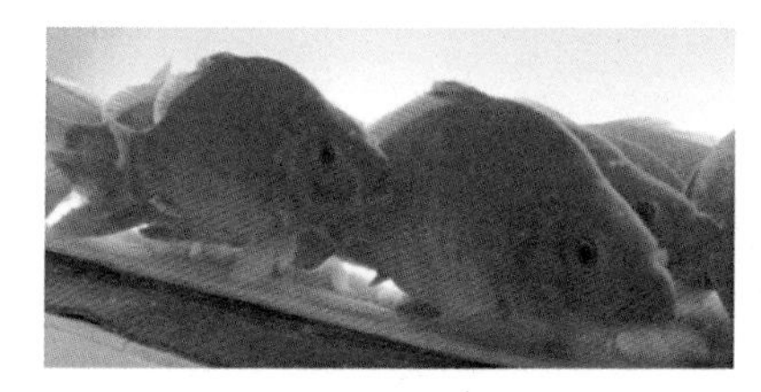

玻璃红鲤

瓯江彩鲤

异育银鲫‘中科 3 号’

异育银鲫‘中科 5 号’

高背鲫

彭泽鲫

湘云鲫 2 号

芙蓉鲤鲫

萍乡红鲫

草鱼

黄颡鱼

加州鲈

烂鳃病

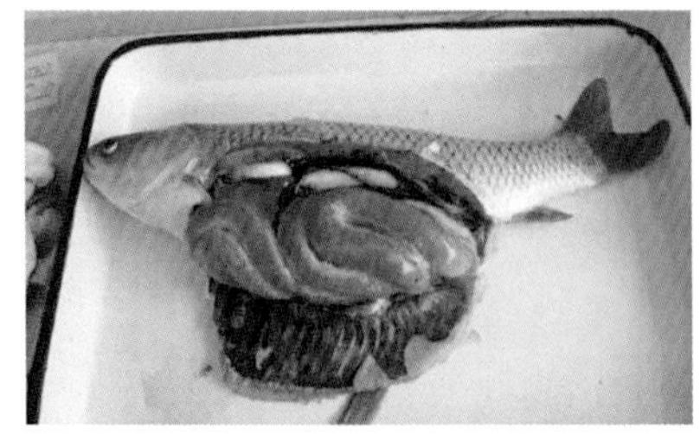

肠炎病

赤皮病

出血病

白头白嘴病

竖鳞病

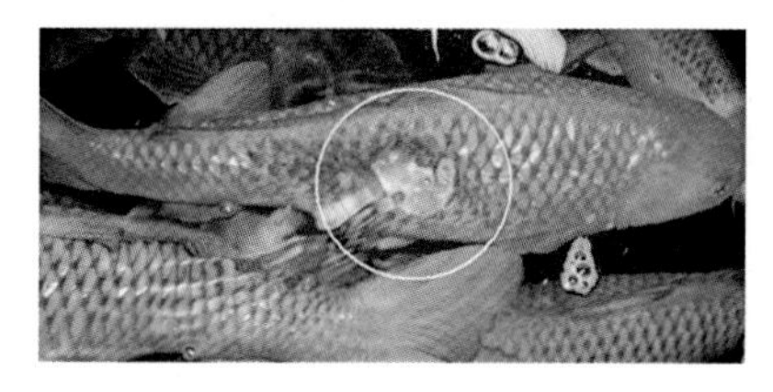

打印病

水霉病

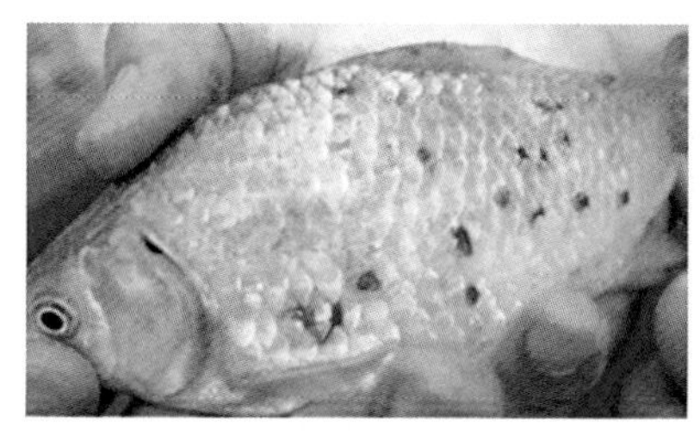

锚头鳋病

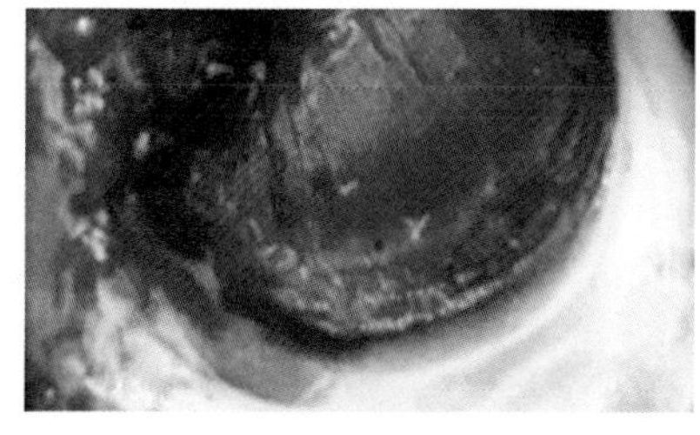

中华鳋病

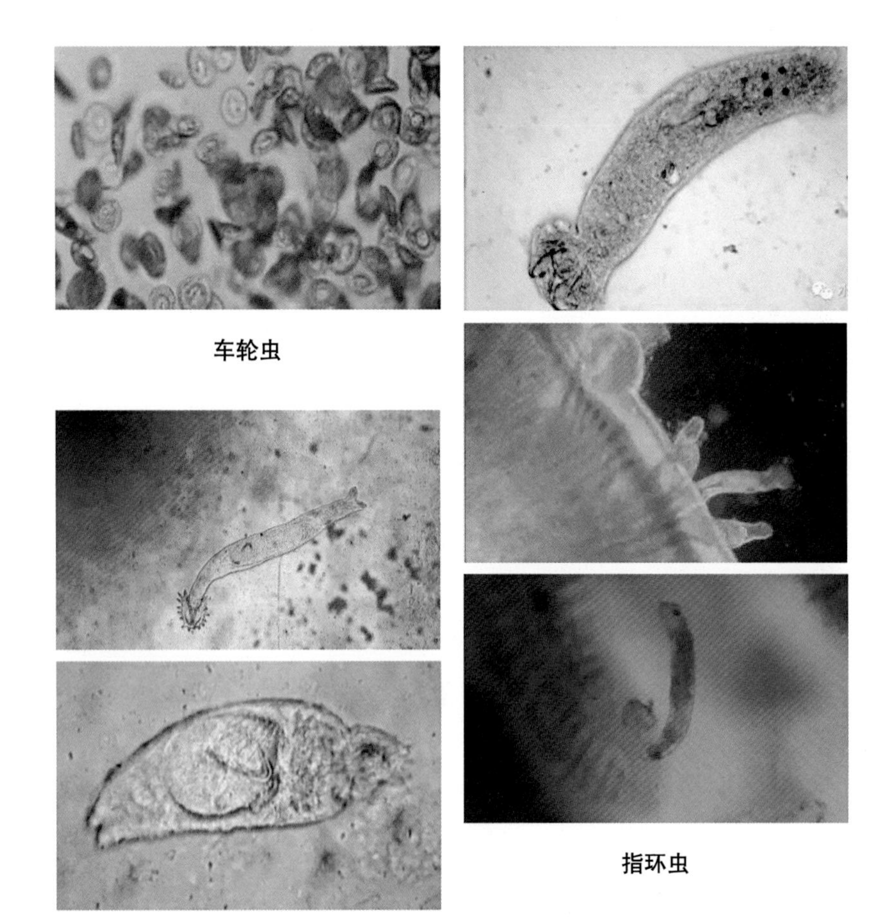

车轮虫

三代虫

指环虫